大数据理论与应用研究

马颜军 ◎ 著

吉林出版集团股份有限公司

图书在版编目（CIP）数据

大数据理论与应用研究 / 马颜军著. — 长春 : 吉林出版集团股份有限公司, 2023.8

ISBN 978-7-5731-4224-5

Ⅰ. ①大… Ⅱ. ①马… Ⅲ. ①数据处理—研究 Ⅳ. ①TP274

中国国家版本馆 CIP 数据核字（2023）第 176516 号

大数据理论与应用研究

DASHUJU LILUN YU YINGYONG YANJIU

著　　者	马颜军	
出版策划	崔文辉	
责任编辑	孙骏骅	
封面设计	文　一	
出　　版	吉林出版集团股份有限公司	
	（长春市福祉大路 5788 号，邮政编码：130118）	
发　　行	吉林出版集团译文图书经营有限公司	
	（http://shop34896900.taobao.com）	
电　　话	总编办：0431-81629909　营销部：0431-81629880/81629900	
印　　刷	廊坊市广阳区九洲印刷厂	
开　　本	710mm×1000mm　　1/16	
字　　数	220 千字	
印　　张	13	
版　　次	2023 年 8 月第 1 版	
印　　次	2024 年 1 月第 1 次印刷	
书　　号	ISBN 978-7-5731-4224-5	
定　　价	78.00 元	

如发现印装质量问题，影响阅读，请与印刷厂联系调换。电话：0316-2803040

前　言

在大数据的驱动下，人类社会在快速发展，大数据已经成为企业界、科技界和政治界等关注的热点。大数据涉及的范围非常广泛，它也将持续地影响人们生活的各个方面。人们已经不再纠结大数据的概念，大数据已经开始在各个领域中得到应用，数据产品的诞生为了使衣食住行更为便捷而努力，支撑商业社会的运转，或者维系着某种庞大体系的安全；还在单纯讲着大数据故事和满足于展望未来的人越来越少，有些故事被证明只是故事，而一些三四年前被认为很遥远的未来，正在逐步成为现实。

无论给这时代赋予怎样的标签——"互联网""移动互联网""人工智能"，我们都将发现，大数据在其中确实具有广泛的基础性和关键性价值：毕竟在这纷繁复杂、高速运转、迭代进化的信息世界中，数据无论是数值型或是文本型，结构化或是非结构化的都是信息的最佳留存载体，也是我们用于解释过去和预测未来的唯一有价值的资料。过去因记录、存储和分析方面的限制，信息被有选择地留存下来，即使如此，面对已经沉淀下来的信息资料，我们尚感力不从心；如今我们已身处大数据洪流，后工业时代（信息时代）中，人类社会面临的中心问题，的确已从提高劳动生产率转变为如何更好地利用信息来辅助决策。

由于笔者时间和精力有限，书中不足之处在所难免，敬请各位同行和广大读者予以批评指正。

目　录

第一章　大数据的基本理论 ……………………………………………… 1

第一节　数据洪流 ………………………………………………………… 1

第二节　大数据的概念 …………………………………………………… 2

第三节　大数据的生态环境 ……………………………………………… 3

第四节　大数据的性质 …………………………………………………… 8

第五节　大数据技术 ……………………………………………………… 10

第六节　大数据基本分析 ………………………………………………… 18

第七节　大数据应用 ……………………………………………………… 19

第二章　大数据管理系统 …………………………………………………… 30

第一节　概述 ……………………………………………………………… 30

第二节　Hadoop 平台的分布式计算 …………………………………… 37

第三节　大数据的云技术 ………………………………………………… 46

第四节　SQL、NoSQL 与 NewSQL 系统 ……………………………… 51

第三章　大数据网络空间 …………………………………………………… 59

第一节　社会网络 ………………………………………………………… 59

第二节　社会网络分析 …………………………………………………… 66

第三节　社会网络中的隐私保护 ………………………………………… 74

第四节　在线社会网络分析 ……………………………………………… 77

第四章　大数据的存储 ……………………………………………………… 89

第一节　大数据存储概述 ………………………………………………… 89

第二节　大数据的存储技术 ……………………………………………… 96

第三节　基于新型存储的大数据管理 ……………………… 104

第四节　数据存储的可靠性 …………………………………… 108

第五章　数据工程 ……………………………………………… 113

第一节　概述 …………………………………………………… 113

第二节　数据存储、备份与容灾 …………………………… 118

第三节　数据质量管理 ……………………………………… 133

第六章　数据挖掘 ……………………………………………… 137

第一节　概述 …………………………………………………… 137

第二节　数据预处理 ………………………………………… 140

第三节　计算机与数据挖掘 ………………………………… 142

第七章　大数据与人工智能 ………………………………… 148

第一节　人工智能的概述与研究 …………………………… 148

第二节　人工智能相关学科 ………………………………… 150

第三节　人工智能在各行业的应用概述 …………………… 156

第四节　大数据与人工智能的未来 ………………………… 158

第八章　智能系统工程 ……………………………………… 163

第一节　系统工程 …………………………………………… 163

第二节　智能系统工程的相关技术 ………………………… 165

第三节　智能系统工程在各领域的应用 …………………… 168

第九章　交通数据资源 ……………………………………… 172

第一节　大数据时代下的城市交通 ………………………… 172

第二节　城市交通及相关领域数据资源 …………………… 182

第三节　城市交通大数据的组织、描绘及技术 …………… 193

参考文献 ………………………………………………………… 201

第一章　大数据的基本理论

第一节　数据洪流

2012 年的 IT 业界，吸引众人目光的热门关键词包括 big Data（又称大数据，巨量数据、海量数据）。在 IT 业界，每隔 2~3 年就会出现轰动一时但很快就会被人遗忘的流行术语，而继"云端"之后能够超越流行术语的境界并深入人心的，应该就是"大数据"了。

一如过去的众多流行术语，"大数据"也是来自欧美的热门关键词，不过这个名词的起源真相却不明。在欧美以"大数据"为题材的简报中经常被拿来参考的，是 2010 年 2 月《经济学人》的特别报道——《数据洪流》（*The Data Deluge*）。"Deluge"是个比较陌生的单词，查一下字典可以了解其意义为"泛滥、大洪水、大量的"。因此"The Data Deluge"直译便是"资料的大洪水、大量的数据"的意思。虽然这篇报道与目前有关大数据的议题大同小异，但在读完文章后却不见有 Big Data 这个名词的踪影。然而，自从这篇报道问世后，大数据成为话题的机会急剧增加，基于这一事实，说它是造成目前世人对大数据议论纷纷的一大契机。

以大数据为题材的报道，经常引用美国麦肯锡全球研究院在 2011 年 5 月所发表的《大数据：创新产出、竞争优势与生产力提升的下一个新领域》（*Big Data：The next frontier for innovation, competition and Productivity*）的研究报告。其报告分析了数值以及文件快速增加的状态，阐述了处理这些数据能够得到潜在的数据价值，讨论分析了大数据相关的经济活动和各产业链的价值。这份报告在商业界引起了极大的关注，为大数据从技术领域进入商业领域吹起号角。

2012 年 3 月 29 日，奥巴马政府发布新闻，宣布投资两亿美元启动"大数据研究与发展计划"，一共涉及美国国家科学基金、美国国防部等六个联邦政府部门，大力推动和改善与大数据相关的收集、组织和分析工具及技术，以提高从大量的、复杂的数据中获取知识和洞察的能力。

2012 年 5 月，联合国发布了一份大数据白皮书，总结了各国政府如何利用大数据来服务公民，指出大数据对于联合国和各国政府来说是一个历史性的机遇，联合国还探讨了如何利用社交网络在内的大数据资源来造福人类。

2012 年 12 月，世界经济论坛发布《大数据，大影响》的报告，阐述大数据为国际发展带来了新的商业机会，建议各国的工业界、学术界、非营利性机构的管理者一起利用大数据所创造的机会。

由上述可见，大数据越来越受重视，已成为当今最热门的话题之一。

第二节 大数据的概念

已故的图灵奖得主吉姆·格雷在其《事务处理：概念与技术》一书中提到：6000 年以前，苏美尔人就使用了数据记录的方法，已知最早的数据是写在土块上，上面记录着皇家税收、土地、谷物、牲畜、奴隶和黄金等情况。随着人类社会的进步和生产力的提高，类似土块的处理系统演变了数千年，经历了殷墟甲骨文、古埃及纸莎草纸、羊皮纸等的演变。19 世纪后期打孔卡片出现，用于 1890 年美国人口普查，用卡片取代土块，使得系统可以每秒查找或更新一个"土块"（卡片）。可见，用数据记录社会由来已久，而数据的多少和系统的能力是与当时社会结构的复杂程度和生产力水平密切相关的。

随着人类进入 21 世纪，尤其是互联网和移动互联网技术的发展，使得人与人之间的联系日益密切，社会结构日益复杂，生产力水平得到了极大提升，人类创造性活力得到了充分释放，与之相应的数据规模和处理系统都发生了巨大改变，从而催生了当下众人热议的大数据局面。

当下大数据的产生主要与人类社会生活网络结构的复杂化、生产活动的数字化、科学研究的信息化相关，其意义和价值在于可以帮助人们解释复杂的社会行为和结构，以及提高生产力，进而提高人们发现自然规律的手段。本质上，大数据具有以下三个方面的内涵，即大数据的"深度"、大数据的"广度"以及大数据的"密度"，所谓"深度"是指单一领域数据汇聚的规模，可以进一步理解为数据内容的"维度"；"广度"则是指多领域数据汇聚的规模，侧重体现在数据的关联、交叉和融合等方面；"密度"是指时空维度上数据汇聚的规模，即数据积累的"厚度"以及数据产生的"速度"。

面对不断涌现的大数据应用，数据库乃至数据管理技术都将面临新的挑战。传统的数据库技术侧重考虑数据的"深度"问题，主要解决数据的组织、存储、查询和简单分析等问题。其次，数据管理技术在一定程度上考虑数据的"广度"和"密度"问题，主要解决数据的集成、流处理、图结构等问题。这里提出的大数据管理是要综合考虑数据的"广度""深度""密度"等问题，主要解决数据的获取、抽取、集成、复杂分析、解释等技术难点。因此，与传统数据管理技术相比，大数据管理技术难度更高，处理数据的"战线"更长。

第三节　大数据的生态环境

大数据是人类活动的产物，它来自人们改造客观世界的过程中，是生产与生活在网络空间的投影。信息爆炸是对信息快速发展的一种真实的描述，形容信息发展的速度如同爆炸一般席卷整个空间。在 20 世纪四五十年代，信息爆炸主要指的是科学文献的快速增长。经过 50 年的发展，到 20 世纪 90 年代，由于计算机和通信技术的广泛应用，信息爆炸主要指的是所有社会信息快速增长，包括正式交流过程和非正式交流过程所产生的电子式的和非电子式的信息。到 21 世纪的今天，信息爆炸是由于数据洪流的产生和发展所造成的。在技术方面，新型的硬件与数据中心、分布式计算、云计算、高性能计算、大容量数据存储与处理技术、社会化网络、移动终端设备、多样化的数据采集方式使大数据的产生和记录成为可能。在用户方面，日益人性化的用户界面、信息行为模式等都容易作为数据的量化而被记录，用户既可以成为数据的制造者，又可以成为数据的使用者。可以看出，随着云计算、物联网计算和移动计算的发展，世界上所产生的新数据，包括位置、状态、思考、过程和行动等数据都能够汇入数据洪流中。互联网的广泛应用，尤其是"互联网＋"的出现，促进了数据洪流的发展。

归纳起来，大数据主要来自互联网世界与物理世界中。

一、互联网世界

大数据是计算机和互联网相结合的产物，计算机实现了数据的数字化，互联网实现了数据的网络化，两者结合起来之后，赋予了大数据强大的生命力。随着互联网如同空气、水、电一样无处不在地渗透在人们的工作和生活中，以及移动互联网、物联网、可穿戴联网设备的普及，新的数据正在以指数形式加速产生，目前世界上 90% 的数据是互联网出现之后迅速产生的。来自互联网的网络大数据是指"人、机、物"三元世界在网络空间中交互、融合所产生并可在互联网上获得的大数据，网络大数据的规模和复杂度的增长都超出硬件能力增长的摩尔定律。

大数据来自人类社会，尤其是互联网的发展为数据的存储、传输与应用创造了基础与环境。依据基于唯象假设的六度分隔理论而建立的社交网络服务，以认识朋友的朋友为基础，扩展自己的人脉。基于 Web2.0 交互网站建立的社交网络，用户既是网站信息的使用者，也是网站信息的制作者。社交网站记录人们之间的交互，搜索引擎记录人们的搜索行为和搜索结果，电子商务网站记录人们购买商品的喜好，微博网站记录人们所产生的即时的想法和意见，图片视频分享网站记录人们的视觉观察，幻灯片分享网站记录人们的各种正式和非正式的演讲发言，机构知识库和期刊记录学术研究成果等。归纳起来，来自互联网的数据可以划分为下述几种类型。

1. 视频图像

视频图像是大数据的主要来源之一，电影、电视节目可以产生大量的视频图像，各种室内外的摄像头昼夜不停地产生巨量的视频图像。视频图像以每秒几十帧的速度连续记录运动着的物体，一个小时的标准清晰视频经过压缩后，所需的存储空间为 GB 数量级，对于高清晰度视频所需的存储空间就更大了。

2. 图片与照片

图片与照片也是大数据的主要来源之一，截至 2011 年 9 月，用户向脸书（Facebook，美国的一个社交网络服务网站）上传了 1400 亿张以上的照片。如果拍摄者为了保存拍摄时的原始文件，平均每张照片大小为 1MB，那么这些照片的总数据量约为 $1.4 \times 1012 \times 1MB = 140PB$，如果单台服务器磁盘容量为 10TB，则存储这些照片需要 14000 台服务器，而且这些上传的照片仅仅是人们拍摄到照片的很少一部分。此外，许多遥感系统 24 小时不停地拍摄并产生大量照片。

3. 音频

DVD 光盘采用了双声道 16 位采样，采样频率为 44.1kHz，可达到多媒体的欣赏水平。如果某音乐剧的时间为 5.5min，计算其占用的存储容量为：

储容量 =（采样频率 × 采样位数 × 声道数 × 时间）/8

=（$44.1 \times 1000 \times 16 \times 2 \times 5.5 \times 60$）/ 8

$\approx 55.5MB$

4. 日志

网络设备、系统及服务程序等在运作时都会产生日志形式的事件记录。每一行日志都记载着日期、时间、使用者及动作等相关操作的描述。Windows 网络操作系统设有各种各样的日志文件，如应用程序日志、安全日志、系统日志、Scheduler 服务日志、FTP 日志、WWW 日志、DNS 服务器日志等，这些根据系统开启的服务的不同而有所不同。用户在系统上进行一些操作时，这些日志文件通常记录了用户操作的一些相关内容，这些内容对系统安全工作人员非常有用。例如，有人对系统进行了 IPC 探测，系统就会在安全日志里迅速地记下探测者探测时所用的 IP、时间、用户名等，用 FTP 探测后，就会在 FTP 日志中记下 IP、时间、探测者所用的用户名等。

网站日志记录了用户对网站的访问，电信日志记录了用户拨打和接听电话的信息，假设有5亿用户，每个用户每天呼入呼出10次，每条日志占用400B，并且需要保存5年，则数据总量为 $5 \times 100 \times 365 \times 400 \times 5$ Byte≈3.65PB。

5. 网页

网页是构成网站的基本元素，是承载各种网站应用的平台。通俗地说，网站就是由网页组成的，如果只有域名和虚拟主机而没有制作任何网页，客户仍旧无法访问网站。网页要通过网页浏览器来进行阅读。文字与图片是构成一个网页的两个最基本的元素。可以简单地理解为：文字就是网页的内容，图片就是网页的美观描述。除此之外，网页的元素还包括动画、音乐、程序等。

网页分为静态网页和动态网页，静态网页的内容是预先确定的，并存储在Web服务器或者本地计算机、服务器之上。动态网页取决于用户提供的参数，并根据存储在数据库中的网站上的数据而创建。通俗地讲，静态网页是照片，每个人看都是一样的；而动态网页则是镜子，不同的人（不同的参数）看都不相同。

网页中的主要元素有感知信息、互动媒体和内部信息等。感知信息主要包括文本、图像、动画、声音、视频、表格、导航栏、交互式表单等。互动媒体主要包括交互式文本、互动插图、按钮、超链接等。内部信息主要包括注释，通过超链接连接到某文件、元数据与语义的元信息、字符集信息、文件类型描述、样式信息和脚本等。

网页内容丰富，数据量巨大，每个网页有25KB数据，则1万亿个网页的数据总量约为25PB。

二、物理世界

来自物理世界的大数据又被称为科学大数据，科学大数据主要来自大型国际实验：跨实验室、单一实验室或个人观察实验所得到的科学实验数据或传感数据。最早提出大数据概念的学科是天文学和基因学，这两个学科从诞生之日起就依赖于海量数据的分析方法。由于科学实验是由科技人员设计的，数据采集和数据处理也是事先设计的，所以不管是检索还是模式识别，都有科学规律可循。例如希格斯粒子的寻找，采用了大型强子对撞机实验。这是一个典型的基于大数据的科学实验，至少要在1万亿个实验中才可能找出一个希格斯粒子。从这一实验中可以看出，科学实验的大数据处理是整个实验的一个预定步骤，这是一个有规律的设计过程，发现有价值的信息可在预料之中。大型强子对撞机每秒生成的数据量约为1PB。建设中的下一代巨型射电望远镜每天生成的数据量大约在IEB0波音发动机上的传感器每小时产生20TB左右的数据量。

随着科研人员获取数据方法与手段的变化，科研活动产生的数据量激增，科学研究已经成为数据密集型的活动。科研数据因其数据规模大、类型复杂多样、分析处理方法复杂等特征，已成为大数据的一个典型代表。大数据所带来的新的科学研究方法反映了未来科学的行为研究方式，数据密集型科学研究将成为科学研究的普遍范式。

利用互联网可以将所有的科学大数据与文献联系在一起，创建出一个文献与数据能够交互操作的系统，即在线科学数据系统，如图1-1所示。

图1-1 在线科学数据系统示意图

对于在线科学数据，由于各个领域互相交叉，不可避免地需要使用其他领域的数据。利用互联网能够将所有文献与数据集合在一起，可以实现从文献计算到数据的整合。这样可以提高科技信息的检索速度，进而大幅度提高生产力。也就是说，在线阅读某人的论文时，可以查看他们的原始数据，甚至可以重新分析，也可以在查看某些数据时查看所有关于这一数据的文献。

第四节　大数据的性质

从大数据的定义中可以看出，大数据具有规模大、种类多、速度快、价值密度高和真实性好等特点，在数据增长、分布和处理等方面具有更多复杂的性质，如下所述。

一、非结构性

结构化数据可以在结构数据库中进行存储与管理，也可以用二维表来表现实现的数据。这类数据是先定义结构，然后才有数据。结构化数据在大数据中所占比例较小，占15%左右，现已得到应用广泛，当前的数据库系统以关系数据库系统为主导，如银行财务系统、股票与证券系统、信用卡系统等。

非结构化数据是指在获得数据之前无法预知其结构的数据，目前所获得的数据85%以上是非结构化数据，而不再是纯粹的结构化数据。传统的系统无法对这些数据完成处理，从应用角度来看，非结构化数据的计算是计算机科学的前沿。大数据的高度异构也导致提取语义信息的困难。如何将数据组织成合理的结构是大数据管理中的一个重要问题。大量出现的各种数据本身是非结构化的或半结构化的数据，如图片、照片、日志和视频数据等是非结构化数据，而网页等是半结构化数据。大数据大量存在于社交网络、互联网和电子商务等领域中。另外，也许有90%的数据来自开源数据，其余的被存储在数据库中。大数据的不确定性表现在高维、多变和强随机性等方面。股票交易数据流是不确定性大数据的典型例子。结构化数据、非结构化数据、半结构化数据的比较如表1-1所示。

表1-1 结构化数据、非结构化数据、半结构化数据的比较

对比项	结构化数据	非结构化数据	半结构化数据
定义	具有数据结构描述信息的数据	不方便用固定结构来表现的数据	处于结构化数据和非结构化数据之间的数据
结构与数据的关系	先有结构，再有数据	只有数据，无结构	先有数据，再有结构
示例	各类表格	图形、图像、音频、视频信息	HTML文档，它一般是自描述的，数据的内容与结构混在一起

大数据产生了大量的研究问题。非结构化和半结构化数据的个体表现、一般性特征和基本原理尚不清晰，这些需要通过数学、经济学、社会学、计算机科学和管理科学在内的多学科交叉研究。对于半结构化或非结构化数据，如图像，需要研究如何将它转化成多维数据表、面向对象的数据模型或者直接基于图像的数据模型。还应该说明的是，大数据的每一种表示形式都仅仅呈现数据本身的一个侧面表现，并非其全貌。

由于现存的计算机科学与技术架构和路线，已经无法高效处理如此大的数据，如何将这些大数据转化成一个结构化的格式是一项重大的挑战，如何将数据组织成合理的结构也是大数据管理中的一个重要问题。

二、不完备性

数据的不完备性是指在大数据条件下所获取的数据常常包含一些不完整的信息和错误，即脏数据。在数据分析阶段之前，需要进行抽取、清洗、集成，得到高质量的数据之后，再进行挖掘和分析。

三、时效性

数据规模越大，分析处理的时间就会越长，所以高速度进行大数据处理非常重要。如果设计一个专门处理固定大小数据量的数据系统，其处理速度可能会非常快，但这并不能适应大数据的要求。因为在许多情况下，用户要求立即得到数据的分析结果，需要在处理速度与规模间折中考虑，并寻求新的方法。

四、安全性

由于大数据高度依赖数据存储与共享，必须考虑寻找更好的方法来消除各种隐患与漏洞，才能有效的管控安全风险。数据的隐私保护是分析和处理大数据的一个重要问题，对个人数据使用不当，尤其是有一定关联的多组数据泄露，将导致用户的隐私泄露。因此，大数据安全性问题是一个重要的研究方向。

五、可靠性

通过数据清洗、去冗等技术来提取有价值的数据，实现数据质量高效管理以及对数据的安全访问和隐私保护已经成为大数据可靠性的关键需求。因此，针对互联网大规模真实运行数据的高效处理和持续服务需求，以及出现的数据异质异构、非结构乃至不可信特征，数据的表示、处理和质量已经成为互联网环境中大数据管理和处理的重要问题。

第五节 大数据技术

大数据可分为大数据技术、大数据工程、大数据科学和大数据应用等领域。从解决问题的角度出发，目前关注最多的是大数据技术和大数据应用。大数据工程是指大数据的规划、建设运营和管理的系统工程，大数据科学关注大数据网络发展和运营过程中发现和验证大数据的规律及其与自然和社会活动之间的关系。

大数据技术是指从数据采集、清洗、集成、分析与解释中，从各种各样的巨量数据中快速获得有价值信息的全部技术。目前所说的大数据有双重含义，它不仅指数据本身的特点，也包括采集数据的工具、平台和数据分析系统。大数据研究的目的是发展大数据技术并将其应用到相关的领域，通过解决大数据处理问题来促进突破性发展。因此，大数据带来的挑战不仅体现在如何处理大数据，并从中获取有价值的信息，也体现在如何加强大数据技术的研发，抢占时代发展的前沿。

被誉为数据仓库之父的比尔·恩门早在 20 世纪 90 年代就提出了大数据的概念。近年来，互联网、云计算、移动计算和物联网迅猛发展，无处不在的移动设备、RFID、无线传感器每分每秒都在产生数据，数以亿计用户的互联网服务时时刻刻在产生巨量的交互，而业务需求和竞争压力对数据存储与管理的实时性、有效性又提出了更高的要求。在这种情况下，提出和应用了许多新技术，主要包括分布式缓存、分布式数据库、分布式文件系统、各种 No SQL 分布式存储方案等。

一、大数据处理的全过程

数据规模急剧扩大超过了当前计算机的存储与处理能力。不仅数据处理规模巨大，而且数据处理需求还多样化。因此，数据处理能力成为核心竞争力。数据处理需要将多学科结合，需要研究新型数据处理的科学方法，以便在数据多样性和不确定性的前提下进行数据规律和统计特征的研究。ETL 工具负责将分布的异构数据源中的数据，如关系数据、平面数据文件等抽取到临时中间层后进行清洗、集成、转换、约简，最后加载到数据仓库或数据集市中，成为联机分析处理、数据挖掘的基础。

一般来说，数据处理的过程可以概括为五个步骤，分别是数据采集与记录，数据抽取、清洗与标记，数据集成、转换与约简，数据分析与建模，数据解释。

1. 数据采集与记录

数据采集是指利用多个数据库来接收发自客户端（Web、APP 或者传感器形式等）的数据，并且用户可以通过这些数据库来进行简单的查询和工作处理。例如，电子商务系统使用传统的关系型数据库 My SQL、SQL Server 和 Oracle 等结构化数据库来存储每一笔商务数据。除此之外，Re dis 和 Mon go DB 这样的 No SQL，数据库也常用于数据的采集。在大数据的采集过程中，其主要特点是并发率高，因为同时可能将有成千上万的用户来进行访问和操作。例如，火车票售票网站和淘宝网站，它们并发的访问量在峰值时达到上百万，所以需要在采集端部署大量的数据库才能支撑，并且对这些数据库之间进行负载均衡和分片设计。常用的数据采集方法如下所述。

（1）系统日志采集方法

很多互联网企业都有自己的海量数据采集工具，多用于系统日志采集，如Hadoop 的 Chukwa、Cloudera 的 Flume、Facebook 的 Scribe 等，这些工具均采用分布式架构，能满足每秒数百兆字节的日志数据采集和传输需求。

（2）网络数据采集方法

网络数据采集是指通过网络爬虫或网站公开 API 等方式从网站上获取数据的信息。该方法可以将非结构化数据从网页中抽取出来，将其存储为统一的本地数据文件，并以结构化的方式存储。它支持图片、音频、视频等文件或附件，采集文件与正文可以自动关联。

除了网络中包含的内容之外，对于网络流量的采集可以使用 DPI 或 DFI 等宽带管理技术进行处理。

（3）其他数据采集方法

对于企业生产经营数据或科学大数据等保密性要求较高的数据，可以通过与企业或研究机构合作，使用特定系统接口等相关方式采集数据。

2. 数据抽取、清洗与标记

采集端本身设有很多数据库，如果要对这些数据进行有效的分析，应该将这些来自前端的数据抽取到一个集中的大型分布式数据库中，或者分布式存储集群，还可以在抽取的基础上做一些简单的清洗和预处理工作。也有一些用户在抽取时使用来自 Twitter 的 Storm 对数据进行流式计算，来满足部分业务的实时计算需求。大数据抽取、清洗与标记过程的主要特点是抽取的数据量大，每秒钟的抽取数据量可达到百兆，甚至千兆数量级。

3. 数据集成、转换与约简

数据集成技术的任务是将相互关联的分布式异构数据源集成到一起，使用户能够以透明的方式访问这些数据源。在这里，集成是指维护数据源整体上的数据一致性，提高信息共享利用的效率，透明方式是指用户不必关心如何对异构数据源进行访问，只需要关心用何种方式访问何种数据即可。

4. 数据分析与建模

统计与分析主要利用分布式数据库，或者分布式计算集群来对存储于其内的大数据进行分析和分类汇总等，以满足大多数常见的分析需求。分析方法主要包括假设检验、显著性检验、差异分析、相关分析、T 检验、方差分析、卡方分析、偏相关分析、距离分析、回归分析（简单回归分析、多元回归分析）、逐步回归、回归预测与残差分析、曲线估计、因子分析、聚类分析、主成分分析、判别分析、对应分析、多元对应分析（最优尺度分析）等。

在这些方面，一些实时性需求会用到 EMC 的 Green Plum、Oracle 的 Exadata 以及基于 My SQL 的列式存储 In fob right 等；而一些批处理，或者基于半结构化数据的需求可以使用 Hadoop。统计与分析部分的主要特点是分析中涉及的数据量巨大，对系统资源，特别是 I/O 资源的占用极大。

和统计与分析过程不同，数据挖掘一般没有预先设定好的主题，主要是在现有数据上进行基于各种算法的计算，起到预测的效果，从而实现一些高级别数据分析的需求，主要进行分类、估计、预测、相关性分组或关联规则、聚类、描述和可视化、复杂数据类型挖掘等。比较典型的算法有 Kmeans 聚算法、SVM 统计学习算法和 Naive Bayes 的分类算法，主要使用的工具有 Hadoop 的 Mahout 等。该过程的特点主要是用于挖掘的很复杂算法，并且计算涉及的数据量和计算量都很大，常用数据挖掘算法都以单线程为主。

建模的主要内容是构建预测模型、机器学习模型和建模仿真等。

5. 数据解释

数据解释的目的是使用户理解分析的结果，通常包括检查所提出的假设并对分析结果进行解释，采用可视化展现大数据的分析结果。例如，利用云计算、标签云、关系图等呈现。

大数据处理的过程至少应该满足上述五个基本步骤，才能成为一个比较完整的大数据处理过程。

二、大数据技术的特征

大数据技术具有下述显著的特征。

1. 分析全面的数据而非随机抽样

在大数据出现之前，由于缺乏获取全体样本的手段和可能性，针对小样本提出了随机抽样的方法。在理论上，越随机抽取样本，就越能代表整体样本，但是获取随机样本的代价极高，而且费时。出现数据仓库和云计算之后，才能获取足够大的样本数据，以至于获取全体数据成为可能并变得更为容易。因为所有的数据都在数据仓库中，完全不需要以抽样的方式调查这些数据。获取大数据本身并不是目的，能用小数据解决的问题绝不要故意去增大数据量。当年开普勒发现行星三大定律，牛顿发现力学三大定律都是基于小数据。从通过小数据获取知识的案例中得到启发，人脑具有强大的抽象能力，如人脑就是小样本学习的典型。

2~3 岁的小孩看少量图片就能正确区分马与狗、汽车与火车，似乎人类具有与生俱来的知识抽象能力。从少量数据中如何高效抽取概念和知识是值得深入研究的方向。至少应该明白解决某类问题，多大的数据量是合适的，不要盲目追求超额的数据。数据无处不在，但许多数据是重复的或者没有价值的，未来的任务不是获取越来越多的数据，而是数据的去冗分类、去粗取精，从数据中挖掘知识、获得价值。

2. 重视数据的复杂性，弱化精确性

对于小数据而言，最基本和最重要的要求就是减少错误、保证质量。由于收集的数据少，所以必须保证记录下来的数据尽量准确。例如，使用抽样的方法，就需要在具体的运算上非常精确，在 1 亿人口中随机抽取 1000 人，如果在 1000 人的运算上出现错误，那么放大到 1 亿人中将会增大偏差，但在全体样本上，产生多少偏差就为多少偏差，不会被放大。

精确的计算是以时间消耗为代价的，在小数据情况下，追求精确是为了避免放大的偏差不得已而为之。但在样本等于总体大数据的情况下，快速获得一个大概的轮廓和发展趋势比严格的精确性重要得多。

大数据的简单算法比小数据更有效，大数据不再期待精确性，也无法实现精确性。

3. 关注数据的相关性，而非因果关系

相关性表明变量 A 与变量 B 有关，或者说变量 A 的变化与变量 B 的变化之间存在一定的相关关系，但这里的相关性并不一定是因果关系。

亚马逊的推荐算法指出根据消费记录来告诉用户可能喜欢什么，这些消费记录有可能是别人的，也有可能是该用户的历史购买记录，并不能说明喜欢的原因。不能说很多人都喜欢购买 A 和 B，就存在购买 A 之后的结果是购买 B 的因果关系，这是一个未必的事情。但其相关性高，或者说其概率大。大数据技术只知道是什么，而不需要知道为什么，就像亚马逊的推荐算法所指出的那样，知道喜欢 A 的人很可能喜欢 B，但却不知道其中的原因。知道是什么就足够了，没有必要知道为什么。在大数据背景下，通过相互关系就可以比以前更容易、更快捷、更清楚地进行分析，找到一个现象的关系物。系统相互依赖的是相互关系，而不是因果关系，相互关系可以表明将发生什么，而不是为什么发生，这正是这个系统的价值所在。大数据的相互关系分析更准确、更快，而且不易受到偏见的影响。建立相互关系分析法的预测是大数据的核心。当完成了相互关系的分析之后，又不满足仅仅知道为什么，可以再继续研究因果关系，找出原因。

4. 学习算法复杂度

一般 NlogN、N2 级的学习算法复杂度可以接受，但面对 PB 级以上的海量数据，NlogN、N2 级的学习算法难以接受，处理大数据需要更简单的人工智能算法和新的问题求解方法。普遍认为，大数据研究不止是上述几种方法的集成，应该具有不同于统计学和人工智能的本质内涵，大数据研究是一种交叉科学研究，应体现其交叉学科的特点。

三、大数据的关键问题与关键技术

1. 大数据的关键问题

大数据来源非常丰富且数据类型多样，存储和分析挖掘的数据量庞大，对数据展现的要求较高，并且重视处理大数据的高效性和可用性。

（1）非结构化和半结构化数据处理

如何处理非结构化和半结构化数据是一项重要的研究课题。如果把通过数据挖掘提取粗糙知识的过程称为一次挖掘过程，那么可以将粗糙与被量化后的主观知识，包括具体的经验、常识、本能、情境知识和用户偏好相结合而产生智能知识的过程叫作二次挖掘过程。从一次挖掘到二次挖掘是由量到质的飞跃。

由于大数据所具有的半结构化和非结构化特点，基于大数据的数据挖掘所产生的结构化的粗糙知识（潜在模式）也伴有一些新的特征。这些结构化的粗糙知识可以被主观知识进行加工处理并转化，生成半结构化和非结构化的智能知识。寻求智能知识反映了大数据研究的核心价值。

（2）大数据的复杂性与系统建模

大数据复杂性、不确定性特征描述的方法以及大数据的系统建模这一问题的突破是实现大数据知识发现的前提和关键。从长远角度来看，大数据的个体复杂性和随机性所带来的挑战将促进大数据数学结构的形成，从而促进大数据统一理论的完备。从近期来看，应该建立一种一般性的结构化数据和半结构化、非结构化数据之间的转化原则，以支持大数据的交叉工业应用。管理科学，尤其是基于最优化的理论将在发展大数据知识的一般性方法和规律性中发挥重要的作用。

现实世界中的大数据处理问题复杂多样，难以有一种单一的计算模式能涵盖所有不同的大数据计算需求。研究和实际应用中发现，Map Reduce 主要适合于进行大数据离线批处理方式，不适应面向低延迟、具有复杂数据关系和复杂计算的大数据处理，Storm 平台适合于在线流式大数据处理。

大数据的复杂形式导致许多与粗糙知识的度量和评估相关的研究问题。已知的最优化、数据包络分析、期望理论、管理科学中的效用理论可以被应用到研究如何将主观知识融入数据挖掘产生的粗糙知识的二次挖掘过程中，人机交互将起到至关重要的作用。

（3）大数据异构性与决策异构性影响知识发现

由于大数据本身的复杂性，致使传统的数据挖掘理论和技术已不再适应大数据知识发现。在大数据环境下，管理决策面临着两个异构性问题，即数据异构性和决策异构性问题。决策结构的变化要求人们去探讨如何为支持更高层次的决策而去做二次挖掘。无论大数据带来了何种数据异构性，大数据中的粗糙知识仍然可以被看作一次挖掘的范畴。通过寻找二次挖掘产生的智能知识来作为数据异构性和决策异构性之间的连接桥梁。

寻找大数据的科学模式将带来对大数据研究的一般性方法的探究，如果能够找到将非结构化、半结构化数据转化成结构化数据的方法，已知的数据挖掘方法将成为大数据挖掘的工具。

2. 大数据的关键技术

针对上述大数据的关键问题，大数据的关键技术主要包括流处理、并行化、摘要索引和可视化。

（1）流处理

随着业务流程的复杂化，大数据趋势日益明显，流式数据处理技术已成为重要的数据处理技术。应用流式数据处理技术可以完成实时处理，能够处理随时发生的数据流的架构。

例如，计算一组数据的平均值，可以使用传统的方法实现。对于移动数据平均值的计算，不论是到达、增长还是一个又一个的单元，都需要用更高效的算法。但是想创建的是一个数据流统计集，那需要对此逐步添加或移除数据块，进行移动平均计算。

（2）并行化

小数据的情形类似于桌面环境，磁盘存储能力为 1GB~10GB，中数据的数据量为 10GB~1TB，大数据分布式存储在多台机器上，包含 1TB 到多个 PB 的数据。如果在分布式数据环境中工作，并且还需要在很短的时间内处理数据，此时就需要分布式处理。

（3）摘要索引

摘要索引是一个对数据创建预计算摘要，以加速查询运行的过程。摘要索引的问题是必须为要执行的查询做好计划，且数据增长飞速，对摘要索引的要求远不会停止，所以不论是基于长期还是短期考虑，必须对摘要索引的制定有一个确定的策略。

（4）可视化

数据可视化包括科学可视化和信息可视化。而可视化工具是实现可视化的重要基础，可视化工具包括两大类。

①探索性可视化描述工具可以帮助决策者和分析师挖掘不同数据之间的联系，这是一种可视化的洞察力。类似的工具有 Tableau、TIBCO 和 Qlik View 等。

②叙事可视化工具可以独特的方式探索数据。例如，如果需要以可视化的方式在一个时间序列中按照地域查看企业的销售业绩，可视化格式将被预先创建。数据则将按照地域逐月展示，并根据预定义的公式排序。

第六节　大数据基本分析

大数据分析离不开数据质量和数据管理，高质量的数据和有效的数据管理是大数据分析的基础。大数据基本分析方法可以考虑如下几种。

（1）数据质量和数据管理。数据质量和数据管理是大数据分析的一个前提。通过标准化的流程和工具对数据进行处理，可以保证一个预先定义好的高质量的分析结果。

（2）离线与在线数据分析。尽管数据的尺寸非常庞大，但从实效性方面来看，大数据分析和处理通常分为离线数据分析和在线数据分析。

①离线数据分析。离线数据分析用于较复杂和耗时的数据分析和处理。由于大数据的数据量已经远远超出当今单个计算机的存储和处理能力，当前的离

线数据分析通常构建在云计算平台之上，如开源 Hadoop 的 HDFS 文件系统和 Map Reduce 运算框架。

②在线数据分析。在线数据分析（OLAP，也称联机分析处理）用来处理用户的在线请求，它对响应时间的要求相对较高（通常不超过若干秒）。

许多在线数据分析系统构建在以关系数据库为核心的数据仓库之上。而有些在线数据分析系统是构建在云计算平台之上的 No SQL 系统，如 Hadoop 的 H Base。

（3）语义引擎。由于非结构化数据的多样性带来了大数据分析的新的挑战，人们需要一系列的工具去解析、提取以及分析数据。语义引擎需要被设计成能够从"文档"中智能提取信息。

（4）可视化分析。大数据分析的使用者有大数据分析专家，同时还有普通用户。二者对大数据分析最基本的要求就是可视化分析，因为可视化分析能够直观地呈现大数据的特点，同时能够非常容易地被读者所接受。

（5）数据挖掘算法。大数据分析的理论核心就是数据挖掘算法，各种数据挖掘算法要基于不同的数据类型和格式才能更加科学地呈现出数据本身具备的特点；同时，也是因为有这些数据挖掘的算法才能更快速地处理大数据。

（6）预测性分析。大数据分析最重要的应用领域之一就是预测性分析，从大数据中挖掘出数据特征，通过科学地建立模型之后便可以通过模型代入新的数据，从而预测未来的数据。

第七节　大数据应用

一、大数据应用趋势

随着大数据技术逐渐应用于各个行业，基于行业的大数据分析应用需求也日益增长。未来几年针对特定行业和业务流程的分析应用将以预打包的形式出现，这将为大数据技术供应商打开新的市场。这些分析应用内容还将覆盖很多行业的专业知识，也将吸引大量行业和软件开发公司的投入。

对于商业智能未来的趋势预测如图 1-2 所示。调查显示排在前三位的是丰富的挖掘模型、实时的分析、精准的特定目的分析，其比例分别为 27.22%、19.88% 和 19.11%。其后是社交网络分析、云端服务和移动 BI。

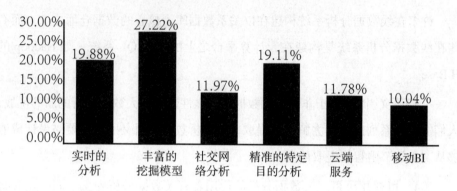

图1-2　商业智能发展的趋势

由以上趋势不难看出，在大数据时代，人们会把焦点放在那些能快速改变现状的颠覆性技术上，所以大数据存储与计算、数据挖掘与分析以及商业智能等应用前景远大。

1. 大数据细分市场

大数据相关技术的发展，将创造出一些新的分市场。例如，以数据分析和处理为主的高级数据服务，将出现以数据分析作为服务产品提交的分析即服务业务；将多种信息整合管理，创造对大数据统一的访问和分析的组件产品；基于社交网络的社交大数据分析；将出现大数据技能的培训市场，讲授数据分析课程，培养专业的数据分析人才等。

2. 大数据推动企业发展

大数据概念的覆盖范围非常广，包括非结构化数据从储存、处理到应用的各个环节，与大数据相关的软件企业也非常多，但是还没有哪一家企业可以完全覆盖大数据的各个方面。因此，在未来几年中，大型 IT 企业将为完善自己的大数据产品线进行并购，首当其冲的是预测分析和数据展现企业等。

3. 大数据分析的新方法出现

在大数据分析上，将会出现新方法，就像计算机和互联网一样，大数据是新一波技术革命。现有的很多算法和基础理论将产生新的突破与进展。

4. 大数据与云计算高度融合

大数据的处理离不开云计算技术，云计算为大数据提供弹性可扩展的基础设施支撑环境以及数据服务的高效模式，大数据则为云计算提供了新的商业价值，所以大数据技术与云计算技术必有更完美的结合。同样地，云计算、物联网、移动互联网等新兴计算形态，既是产生大数据的地方，也是需要大数据分析方法的领域，大数据是云计算的延伸。

5. 大数据一体化设备陆续出现

云计算和大数据出现之后，相关的软硬件一体化设备层出不穷。在未来几年里，数据仓库一体机、NoSQL 一体机以及其他一些将多种技术结合的一体化设备将进一步快速发展。

6. 大数据安全日益受到重视

数据量的不断增加，对数据存储的物理安全性要求也就越来越高，从而对数据的多副本与容错机制提出了更高的要求。网络和数字化生活使得犯罪分子更容易获得他人的信息，也有了更多不易被追踪和防范的犯罪手段，可能会出现更高明的骗局。

二、大数据的应用流程

1. 采集

大数据的采集是指利用多个数据库来接受发自客户端，如网页、手机应用或者传感器等的数据，并且用户可以通过这些数据库来进行简单的查询和处理工作，如电商会使用传统的关系型数据库 My SQL 和 Oracle 等来存储每一笔事务数据。除此之外，Red is 和 Mon go DB 这样的 No SQL 数据库也常用于数据的采集。

在大数据的采集过程中，其主要特点和挑战是并发数高，因为有可能会有成千上万的用户同时来进行访问和操作，比如火车票售票网站和一些购物网站，它们并发的访问量在峰值时会达到上百万，所以需要在采集端部署大量数据库才能支撑。如何在这些数据库之间进行负载均衡和分片是需要深入思考和设计的。

2. 导入，预处理

虽然采集端本身会有很多数据库，但是如果要对这些大数据进行有效的分析，还是应该将这些来自前端的数据导入一个集中的大型分布式数据库，或者分布式存储集群，并且在导入的基础上做一些简单的清晰和预处理工作。也有一些用户会在导入时使用来自 Twitter 的 Storm 来对数据进行流式计算，来满足部分业务的实时计算需求。

导入与预处理过程的特点和挑战主要是导入的数据量大，每秒钟的导入量经常会达到百兆，甚至千兆级别。

3. 统计、分析

统计与分析主要利用分布式数据库，或者分布式计算集群来对存储于其内部的海量数据进行常用的分析和分类汇总等，以满足一般性的分析需求。在这方面，一些实时性需求会用到美国易信安公司（EMC）的 Green Plum Oracle 的 Exadata 以及基于 My SQL 的列式存储 In fob right 等，而一些批处理，或者基于半结构化数据的需求可以使用 Hadoop。

统计与分析这部分的主要特点和挑战是分析设计的数据量大，其对系统资源，特别是输入及输出时会占用极大的内存空间。

4. 挖掘

与前面统计和分析过程不同，数据挖掘一般没有什么预先设定好的主题，主要是在现有的数据上面进行基于各种算法的计算，从而达到预期的效果，实现超高级别数据分析的需求。比较典型的算法有用于聚类的 K-means、用于统计学习的 SVM 和用于分类的 Naive Ba yest 等。该过程的特点和挑战主要是挖掘的算法很复杂，并且计算涉及的数据量和计算量都很大，常用数据挖掘算法都以单线程为主。

整个大数据处理的一般流程至少应该包括这四个步骤，才能算得上比较完整。

三、大数据应用评价与应用实例

大数据成功的应用将产生重大价值，需要研究判断大数据成功应用的标志。当前大数据应用的研究主要关注国计民生的科学决策、应急管理（如疾病防治、灾害预测与控制、食品安全与群体事件）、环境管理、社会计算以及知识经济等应用领域。

1. 判断大数据应用成功的指标

（1）创造价值

大数据技术的应用应该能够创造切实的价值。据初步统计，大数据在医疗、零售以及制造产业上拥有上万亿的潜在价值。大数据应用的成功实现需要从附加收益、提升客户满意度、削减成本等几个方面综合考虑其带来的价值。因此，判断大数据应用是否成功的主要指标是看其创造的价值。

（2）有本质提高

在模式上，大数据应用不仅是渐进式的商务模式改变，更重要的是在本质上的跳跃式突破。例如，对于初创企业来说，为了发现数据之间的关系，应用了机器学习算法使系统可以进行调查，一个社交推荐系统可以实时地给用户推荐有价值的位置信息，使用新的业务模式去扰动位置信息类型业务。调查依赖大数据技术，同时从3000多万个位置信息中获取见解。现在的网站已经具备了理解人们之间如何进行互动的能力，并且位置信息也不只局限于平台以及真实世界。

（3）具备高速度

使用传统数据库技术会降低大数据技术的性能，同时也非常烦琐，因为不管这项技术是否满足使用者的需求，其涉及的企业烦琐制度已远超想象。一个成功的大数据应用，使用的工具集和数据库技术必须同时满足数据规模与多样性的双重需求。一个 Hadoop 集群只需几个小时就可以搭建，搭建完成后就可以提供快速的数据分析。事实上，大部分的大数据技术都是开源的，这就表明可以根据需求添加支持和服务，同时许可完成快速部署。

（4）能完成以前所不能做的事情

在大数据技术出现之前，许多需求不可能实现，如限时抢购。其原因是限时抢购网站需要每日处理上千万用户的登录，会造成非常高的服务器负载峰值。而通过高性能、快速扩展的大数据技术可使这种商业模型成为可能。

综上所述，大数据应用成败的关键不是系统每秒可以处理多少数据量，而是应用大数据之后创造了多少价值以及是否让业务有突破性的提升。专注业务类型，选择适合用户业务的工具集才应该是重点关注的领域。

2. 大数据应用实例

大数据技术应用广泛，几乎涉及各个领域。例如，网络大数据、金融大数据、健康医疗大数据、企业大数据、政府管理大数据以及安全大数据等，其趋势是从概念化走向价值化的。大数据处理模式是多样化并存的，所以大数据安全隐私成为重要问题，大数据产业成为战略性的新兴产业，数据商品化和数据共享联盟化的这种生态是未来的一个重要趋势，数据科学兴起，大数据生态环境逐步发展。下面介绍大数据技术在不同的组织机构中的应用。

（1）医疗行业

①医疗保健内容预测分析。利用医疗保健内容分析预测技术可以找到大量与病人相关的临床医疗信息，通过大数据处理，能够更好地分析病人的病情。

②早产婴儿的预测分析。在医院，针对早产婴儿，每秒钟有超过3000次的数据读取。通过这些数据分析，医院能够提前知道哪些早产婴儿出现问题并有针对性地采取措施，避免早产婴儿夭折。

③精确诊断的预测分析。通过社交网络可以收集数据的健康类应用。也许未来数年后，它们搜集的数据可使医生的诊断变得更为精确，如不再是通用的"成人每日三次、一次一片"，而是检测到人体血液中药剂已经代谢完成之后，自动提醒患者再次服药。

（2）能源行业

①智能电网现在已经做到了终端，也就是所谓的智能电表。为了鼓励利用太阳能，在家庭安装太阳能，除了卖电给用户以外，当家庭的太阳能有多余电

的时候还可以买回来。通过电网每隔 5 分钟或 10 分钟收集一次数据，收集来的数据可以用来预测客户的用电习惯，从而推断出在未来 2~3 个月内，整个电网大概需要多少电。有了这个预测后，就可以向发电或者供电企业购买一定数量的电。因为电有点像期货，如果提前购买就会比较便宜，购买现货就比较贵。通过这个预测，可以明显降低采购成本。

②风力系统依靠大数据技术对气象数据进行分析，就可以快速找出安装风力涡轮机和建设整个风电场最佳的地点。以往需要数周的分析工作，现在利用大数据仅需要不足 1 小时便可完成。

（3）通信行业

①利用预测分析软件，可以预测客户的行为，发现行为趋势，并找出存在缺陷的环节，从而帮助公司及时采取措施，保留客户，减少客户流失率。此外，网络分析加速器通过提供单个端到端网络、服务、客户分析视图的可扩展平台，帮助通信企业制定更科学合理的决策。

②电信业界透过数以千万计的客户资料，能分析出多种使用者的行为和趋势，卖给需要的企业，这是全新的资源经济。

③通过大数据分析，对企业运营的全业务进行针对性的监控、预警、跟踪。系统会在第一时间自动捕捉市场变化，再以最快捷的方式推送给指定负责人，使他在最短时间内获知市场行情。

④把手机位置信息和互联网上的信息结合起来，为顾客提供附近的餐饮店信息，接近末班车时间时，提供末班车信息服务。

（4）交通行业

①快递有效地利用了地理定位数据。为了能使总部在车辆出现晚点的时候跟踪到车辆的位置和预防引擎故障，在货车上安装传感器、无线适配器和GPS。同时，这些设备也方便公司监督管理员工并优化行车线路。而之前为货车定制的最佳行车路径是根据以往的行车经验总结而来的。

②运输公司通过部署一系列的运输大数据应用，采集上千种数据类型，从油耗、胎压、卡车引擎运行状况到 GPS 信息等，甚至从司机们抱怨该系统的

博客中收集数据,并通过分析这组数据来优化车队管理、提高生产力、降低油耗,每年可节省大量的运营成本。

③车队通过汽车传感器在赛前的场地测试中实时采集数据,结合历史数据,通过预测性分析可提前发现赛车问题,并预先采取正确的赛车调校措施,降低事故发生概率并提高比赛胜率。

④缓解停车难问题。利用 iOS 和 Android 手机,能够跟踪入网城市的停车位。用户只需要输入地址或者在地图中选定地点,就能看到附近可用的车库或停车位、价格和时间区间。App 不仅能够实时跟踪停车位的数量变化,还能够实时监控多个城市的停车位。

⑤缓解道路拥堵的系统方案。基于实时交通报告来侦测和预测拥堵。当交管人员发现某地即将发生交通拥堵时,可以及时调整信号灯让车流以最高效率运行。这种技术对于突发事件也很有用,如帮助救护车尽快到达医院。而且随着运行时间的积累,这种技术还能够学习过去的成功处置方案,并运用到未来预测中。

(5)零售业

大数据应用的必要条件在于 IT 与经营的融合,范围可以小至一个零售门店的经营,大至一个城市的经营。

①搜集社交信息,更深入地理解化妆品的营销模式,随后认识到必须保留两类有价值的客户:高消费者和高影响者。希望客户通过接受免费化妆服务,进行口碑宣传,这是交易数据与交互数据的完美结合,为业务挑战提供了解决方案。零售商用社交平台上的数据充实了客户主数据,使其业务服务更具有目标性。

②零售商也监控客户的店内走动情况以及与商品的互动,他们将这些数据与交易记录相结合来展开分析,从而在销售哪些商品、如何摆放货品以及何时调整价格上给出意见,此类方法已经帮助某零售企业减少了 17% 的存货时间,在保持市场份额的前提下,增加高利润率自有品牌商品的销售比例。

③对于零售商来说,通过顾客数据分析可以发现,怀孕的妇女一般在怀孕

第三个月的时候会购买很多无香乳液。几个月后，她们会购买铁、钙、锌等营养补充剂。根据数据分析所提供的模型，可以制订全新的广告营销方案，在孕期的每个阶段给客户寄送相应的优惠券。结果，孕期用品销售呈现了爆炸式的增长。大数据的巨大威力引起了巨大轰动。

④在淘宝上每天进行数以万计的交易，相应的交易时间、商品价格、购买数量会被记录。更重要的是，这些信息可以与买方和卖方的年龄、性别、地址甚至兴趣爱好等个人信息相联系。各大中小城市的售货大楼、商场则做不到这一点，大大小小的超市也做不到这一点，而互联网时代的淘宝网可以做到。淘宝数据魔方就是淘宝平台上的大数据应用方案。通过这一服务，商家可以了解淘宝平台上的行业宏观情况、自己品牌的市场状况、消费者行为情况等，并可以据此进行生产、库存决策；与此同时，更多的消费者也能以最优惠的价格买到更心仪的商品。

⑤通过大数据分析可以发现，如果一个人在下午4时左右给汽车加油的话，他很可能在接下来的1个小时内要去购物或者吃饭，而这1个小时的花费为150~200元。而商家正需要这样的信息，因为这样他们就能在这个时间段的加油小票背面附上加油站附近商店的优惠券。

⑥金融

通过掌握的企业交易数据，借助大数据技术自动分析，判定是否给予企业贷款，全程不出现人工干预。

资本市场公司每天的工作之一就是利用计算机程序分析全球3.4亿微博账户的留言，进而判断民众情绪，再进行打分。根据打分结果，决定如何处理手中数以千万元计的股票。判断原则很简单，如果所有人似乎都高兴，那就买入；如果大家的焦虑情绪上升，那就抛售。

3. 大数据 CRM

CRM 是企业的一项商业策略，它可以按照客户细分情况有效地组织企业资源，培养以客户为中心的经营行为以及实施以客户为中心的业务流程，并以此为手段提高企业的获利能力、收入以及客户满意度。CRM 实现的是基于客户细分的一对一营销，所以是按照客户细分原则对企业资源的有效组织与调配。

以客户为中心是企业的经营行为和业务流程都要围绕客户，通过 CRM 手段来提高利润和客户满意度。

（1）CRM 的主要功能指标

①客户概况分析：包括客户的层次、风险、爱好和习惯等。

②客户忠诚度分析：指客户对某个产品或商业机构的信用程度、持久性和变动情况等。

③客户利润分析：指不同客户所消费的产品的边缘利润、总利润额和净利润等。

④客户性能分析：指不同客户所消费的产品按种类、渠道、销售地点等指标划分的销售额。

⑤客户未来分析：包括客户数量、类别等情况的未来发展趋势以及争取客户的手段等。

⑥客户产品分析：包括产品设计、关联性、供应链等。

⑦客户促销分析：包括广告、宣传等促销活动的管理。

（2）CRM 与大数据融合

应用大数据技术可以从各种类型的数据中快速获取有价值的信息。而 CRM 作为客户关系管理系统专家，可以应用大数据帮助企业获得客户资源的有效管理。

① CRM 将带动大数据市场快速成长

大数据应用将进入传统行业，而 CRM 将带动商业分析应用市场的快速成长。按照 CRM 的经营理念，企业应制定 CRM 战略，进行业务流程再造，才能据以实施 CRM 技术和应用系统，从而增强客户满意度，培养忠诚客户，达到实现企业经营效益最大化的目标。在企业的日常工作中，一般的客户关系管理至少要涵盖营销管理、销售管理、客户服务和技术支持四个层面的功能，才能保证企业能及时与客户密切交流，处理好人、流程、技术三者的关系。因此，客户关系管理系统不仅是一个管理理念的实现，更是一套人机交互系统和解决方案，其中贯穿着系统管理、企业战略、人际关系合理利用等思想，它能帮助企业更好地吸引潜在客户和留住最有价值的客户。通过在线 CRM，企业可以迅速发现客户，并有效地维护客户，从而实现最大利益。

②把握行业趋势，抢占市场先机

随着数据源指数级的增长，信息的数量及复杂程度也快速扩大，所以从海量数据中提取信息的能力正快速成为战略性的强制要求。可以看出，由于数据的爆发式增长，企业能够从这些繁乱的数据中快速获得战略决策信息是战胜对手的关键。面对不断发展的数据，大数据的挖掘和分析尤为重要。

在蓬勃发展的中国市场环境中，大数据所带来的机遇前所未有，这将是中国市场的营销者们预期取得回报的最佳时机。这也正是以数据为本，分析为先的 CRM 发展的良机。

第二章　大数据管理系统

第一节　概述

一、基于大数据分析流程的关键技术

根据大数据分析流程，大数据分析的关键技术可分为数据采集、数据预处理、数据存储与管理、数据分析挖掘、数据可视化等环节。由于大数据具有大规模、异构以及多源等特点，所以大数据分析技术与传统的数据分析技术也有所不同。在大数据分析的每个环节，都出现了许多针对大数据独特需求的新兴技术。

通过大数据采集技术和预处理技术，利用 ETL（Extract-Transform-Load 的缩写）来描述将数据从来源端经过抽取、转换、加载至接口端的过程。工具将分布的、异构数据源中的数据，如关系数据、平面数据文件等，抽取到临时中间层后进行清洗、转换、集成，最后加载到数据仓库或数据集市中，成为联机分析处理和数据挖掘的基础；或者也可以把实时采集的数据作为流计算系统的输入，进行实时处理分析。通过数据存储技术，利用分布式文件系统、数据仓库、关系数据库、NoSQL 数据库、云数据库等，实现对结构化、半结构化和非结构化海量数据的存储和管理。通过数据分析挖掘技术，利用分布式并行编程模型和计算框架，结合机器学习和数据挖掘算法，实现对海量数据的处理和分析。通过数据可视化技术，对分析结果进行可视化呈现，帮助更好地理解数据、分析数据。

（一）大数据采集技术

数据采集是指通过 RFID 射频数据、传感器数据、社交网络交互数据及移动互联网数据等方式获得的各种类型的结构化、半结构化（或称之为弱结构化）及非结构化的海量数据，是大数据知识服务模型的根本。重点要突破分布式高速高可靠数据爬取或采集、高速数据全映像等大数据收集技术；突破高速数据解析、转换与装载等大数据整合技术；设计质量评估模型，开发数据质量技术。

大数据采集一般分为大数据智能感知层和基础支撑层。大数据智能感知层，主要包括数据传感体系、网络通信体系、传感适配体系、智能识别体系及软硬件资源接入系统，想要实现对结构化、半结构化、非结构化的海量数据的智能化识别、定位、跟踪、接入、传输、信号转换、监控、初步处理和管理等，必须着重攻克针对大数据源的智能识别、感知、适配、传输、接入等技术。基础支撑层，提供大数据服务平台所需的虚拟服务器，而结构化、半结构化及非结构化数据的数据库及物联网络资源等基础支撑环境。需要重点攻克分布式虚拟存储技术，大数据获取、存储、组织、分析和决策操作的可视化接口技术，大数据的网络传输与压缩技术，大数据隐私保护技术等。

（二）大数据预处理技术

大数据预处理主要完成对已接收数据的辨析、抽取、清洗等操作。

1.抽取

因获取的数据可能具有多种结构和类型，数据抽取过程可以将这些复杂的数据转化为单一的或者便于处理的类型，以达到快速分析处理的目的。

2.清洗

获取的数据并不全是有价值的，有些数据并不是需要关心的内容，而另一些数据则是完全错误的干扰项，因此要对数据通过过滤"去噪"提取出有效数据。

（三）大数据存储技术

大数据存储与管理要用存储器把采集到的数据存储起来，同时建立相应的数据库，并进行管理和调用。大数据存储主要解决大数据的可存储、可表示、可处理、可靠性及有效传输等几个关键问题。开发可靠的分布式文件系统

（DFS）、能效优化的存储、计算融入存储、大数据的去冗余及高效低成本的大数据存储技术；突破分布式非关系型大数据管理与处理技术，异构数据的数据融合技术，数据组织技术：研究大数据建模技术；突破大数据索引技术；突破大数据移动、备份、复制等技术；开发大数据可视化技术。

开发新型数据库技术，数据库分为关系型数据库、非关系型数据库以及数据库缓存系统。其中，非关系型数据库主要指的是 NoSQL 数据库，分为键值数据库、列存数据库、图存数据库以及文档数据库等。关系型数据库包含传统关系数据库系统以及 New SQL 数据库。

（四）大数据分析挖掘技术

改进已有数据挖掘和机器学习技术；开发数据网络挖掘、特异群组挖掘、图挖掘等新型数据挖掘技术；突破基于对象的数据连接、相似性连接等大数据融合技术；突破用户兴趣分析、网络行为分析、情感语义分析等面向领域的大数据挖掘技术。

数据挖掘就是从大量的、不完全的、有噪声的、模糊的以及随机的实际应用数据中，提取隐含在其中的、事先不知道的但又是潜在有用的信息和知识的过程。依据不同的标准，其数据挖掘技术的分类结果也各不相同。

根据挖掘任务可分为分类或预测模型发现、数据总结、聚类、关联规则发现、序列模式发现、依赖关系或依赖模型发现、异常和趋势发现等。

根据挖掘对象可分为关系数据库、面向对象数据库、空间数据库、时态数据库、文本数据源、多媒体数据库、异质数据库和遗产数据库等。

根据挖掘方法可分为机器学习方法、统计方法、神经网络方法和数据库方法。在机器学习方法中，可细分为归纳学习方法（决策树、规则归纳等）、基于范例学习和遗传算法等。统计方法中，可细分为回归分析（多元回归、自回归等）、判别分析（贝叶斯判别、费歇尔判别、非参数判别等）、聚类分析（系统聚类、动态聚类等）、探索性分析（主元分析法、相关分析法等）等。在神经网络方法中，可细分为前向神经网络（RP 算法等）、自组织神经网络（自组织特征映射、竞争学习等）等。数据库方法主要是多维数据分析或 OLAP 方法，另外还有面向属性的归纳方法。

从挖掘任务和挖掘方法的角度，大数据分析挖掘技术着重突破。

（1）可视化分析。数据可视化无论对于普通用户还是数据分析专家，都是最基本的功能。数据图像化可以让数据自己说话，可以让用户直观地感受到结果。

（2）数据挖掘算法。图像化是将机器语言翻译给用户看，而数据挖掘就是机器的母语。分割、集群、孤立点分析还有各种各样五花八门的算法，可以精练数据、挖掘价值。这些算法一定要能够应对大数据的量，同时还应该具有很高的处理速度。

（3）预测性分析。预测性分析可以让分析师根据图像化分析和数据挖掘的结果做出一些前瞻性判断。

（4）语义引擎。语义引擎需要设计到有足够的人工智能以足以从数据中主动地提取信息。语言处理技术包括机器翻译、情感分析、舆情分析、智能输入和问答系统等。

（5）数据质量和数据管理。数据质量与管理是管理的最佳实践，通过标准化流程和机器对数据进行处理可以确保获得一个预设质量的分析结果。

（五）数据可视化技术

伴随着大数据时代的到来，数据可视化成为一个热门话题，引起了人们极大的关注。无论是通过 Excel 的模板，还是使用 R/GELPHI 等专业工具，无论是使用国内魔镜公司的专业软件，还是使用百度旗下的 Echarts，都可以帮助用户洞察出数据背后隐藏的潜在信息，都可以有效提高数据挖掘的效率，也都可以方便用户控制数据，更好地实现人机交互。

二、基于大数据生态的关键技术

大数据如何分析处理仍然是信息技术领域面临的主要难题之一。业务型信息系统，类似淘宝、京东这样的电商数据处理平台，已经可以满足其电商平台业务运营的需要。但是在分析型系统中，如何进行数据复杂分析操作、如何提供满足各种角色的分析产品，在互联网领域仍然面临挑战。建立在大数据基础之上的大分析系统目前有两个探索方向。

（1）互联网企业直接在 Hadoop 基础之上，借助云计算模式，通过加强开源数据库系统 Hive/Hbase 等工具能力，逐步提升大数据所需的分析能力。

（2）传统的数据仓库处理厂家引入 Hadoop 云计算的技术，扩展原有的信息处理能力，同时融合传统数据仓库能力和 Hadoop 云计算能力，在应用层支撑更丰富的大数据能力。

无论哪种方向，都需要相关技术与现实社会的有机融合、互动以及协调，形成大数据分析基础架构、感知、管理、分析与应用服务的新一代信息技术架构和良性增益的闭环生态系统。

三、大数据分析技术的发展趋势

随着对大数据技术的不断发展和研究，其各个环节的技术呈现出新的发展趋势和挑战。在 2015 年 12 月，中国计算机学会（CCF）大数据专家委员会发布了中国大数据技术与产业发展报告，并对中国大数据发展趋势进行了展望，主要包含以下六个方面。

（一）可视化推动大数据平民化

近几年大数据概念迅速深入人心，大众直接看到的大数据更多是以可视化的方式呈现。可视化是通过把复杂的数据转化为可以交互的图形，帮助用户更好地理解分析数据对象，发现、洞察其内在规律。可视化实际上已经极大地拉近了大数据和普通民众的距离，即使对 IT 技术不了解的普通民众和非技术专业的常规决策者也能够很好地理解大数据及其分析的效果和价值，从而可以从国计、民生两方面充分发挥大数据的价值。建议在大数据相关的研究、开发和应用中，保持相应的比例用于可视化和可视化分析。

（二）多学科融合与数据科学的兴起

大数据技术是多学科多技术领域的融合，在数学和统计学、计算机类技术、管理类等领域都有所涉及，大数据应用更是与多领域产生交叉。这种多学科之间的交叉融合，呼唤并催生出了专门的基础性学科——数据学科。基础性学科的夯实，将让学科的交叉融合更趋完美。在大数据领域，许多相关学科从表面上看，研究的方向大不相同，但是从数据的视角来看，其实是相通的。随着社会的数字化程度逐步加深，越来越多的学科在数据层面趋于一致，可以采用相似的思想进行统一研究。从事大数据研究的人不仅包括计算机领域的科学家，也包括数学等方面的科学家。希望业界对大数据的边界采取一个更宽泛、更包容的姿态，包容所谓的"小数据"，甚至将领域的边界扩大到"数据科学"所对应的整个数据领域和数据产业。建议共同支持"数据科学"的基础研究，并努力将基础研究的成果导入技术研究和应用的范畴中。

（三）大数据安全与隐私令人忧虑

由大数据带来的安全与隐私问题主要包括以下三个方面：第一，大数据所受到的威胁也就是人们常说的安全问题。当大数据技术、系统和应用聚集了大量有用价值时，必然会成为被攻击的目标。第二，对大数据的过度滥用所带来的问题和副作用。比较典型的就是个人隐私的泄露，还包括由大数据分析能力带来的商业秘密泄露和国家机密泄露。第三，心智和意识上的安全问题。对大数据的威胁、大数据的副作用、对大数据的极端心智都会阻碍和破坏大数据的发展。建议在大数据相关的研究和开发中，保持一个基础的比例用于相对应的安全研究，而让安全方面产生实质性进步的驱动力可能是对于大数据的攻击和滥用的负面研究。

（四）新热点融入大数据多样化处理模式

大数据的处理模式更加多样化，Hadoop 已不再成为构建大数据平台的必然选择。在应用模式上，大数据处理模式持续丰富，批量处理、流式计算、交互式计算等技术面向不同的需求场景，将持续丰富和发展；在实现技术上，内存计算将继续成为提高大数据处理性能的主要手段，相对传统的硬盘处理方式，在性能上有了显著提升。特别是开源项目 Spark，目前已经被大规模应用于实际业务环境中，并发展成为大数据领域最大的开源社区。Spark 拥有流计算、交互查询、机器学习、图计算等多种计算框架，支持 Java、ScaIa、Pyihon、R 等语言接口，使得数据使用效率大大提高，得到了众多开发者和应用厂商的关注。值得说明的是，Spark 系统可以基于 Hadoop 平台构建，也可以不依赖

Hadoop 平台独立运行。

很多新的技术热点持续地融入大数据的多样化模式中，形成一个更加多样、平衡的发展路径，也满足大数据的多样化需求。建议将大数据研究和开发有意识地链接融入大数据技术生态中，或者利用技术生态的成果，或者回馈技术生态。

（五）深度分析推动大数据智能应用

在学习技术方面，深度分析会继续成为一个代表，以及推动整个大数据智能的应用。这里谈到的智能，尤其强调促进人的相关能力的延伸，比如决策预测、精准推荐等。这些涉及人的思维、影响、理解的延展，都将成为大数据深度分析的关键应用方向。

相比于传统机器学习算法，深度学习提出了一种让计算机自动学习产生特征的方法，并将特征学习融入建立模型的过程中，从而减少了人为设计特征引发的不完善等缺陷。深度学习借助深层次神经网络模型，能够更加智能地提取数据不同层次的特征，对数据进行更加准确、有效的表达。而训练样本数量越大，深度学习算法相对传统机器学习算法就越有优势。

目前，深度学习已经在容易积累训练样本数据的领域（如图像分类、语背识别、问答系统等）中获得了重大突破，并取得了成功的商业应用。预测随着越来越多的行业和领域逐步完善数据的采集和存储，深度学习的应用也会更加广泛。由于大数据应用的复杂性，多种方法的融合将是一个持续的常态。建议保持对大数据智能技术发展的持续关注，在各自的分析领域（如在策划阶段、技术层面、实践环节等）尝试深度学习。

（六）开源、测评、大赛催生良性人才与技术生态

大数据是应用驱动、技术发展力技术与应用一样至关重要。决定技术的是人才及其技术生产方式。开源系统将成为大数据领域的主流技术和系统选择。以 Hadoop 为代表的开源技术拉开了大数据技术的序幕，而大数据应用的发展又促进了开源技术的进一步发展。开源技术的发展降低了数据处理的成本，引领了大数据生态系统的蓬勃发展，同时也给传统数据库厂商带来了挑战。新的替代性技术，都是新技术生态对于旧技术生态的侵蚀、拓展和进化。

对数据处理的能力、性能等进行测试、评估、标杆比对的第三方形态出现，并逐步成为热点。相对公正的技术评价有利于优秀技术占领市场，驱动优秀技术的研发生态。各类创业创新大赛纷纷举办，为人才的培养和选拔提供了新模式。

第二节 Hadoop平台的分布式计算

分布式计算是一个广义的概念，在计算机科学中，有多种方式支持分布式计算。

一、Hadoop 发展历程

Hadoop 技术是推动大数据应用的引擎，用于收集、共享和分析来自网络的大量结构化、半结构化和非结构化数据。在应用 Hadoop 技术之前需要做一些技术准备。利用一定的时间确定需要处理的数据路线图，还需要认真研究 Hadoop 技术如何与网络的其他部分相配合，开发一个明确的分类学模型。

（一）Hadoop 框架

Hadoop 是一个开源框架，它实现了 Map Reduce 分布算法，用以查询在互联网上的分布数据。在 Map Reduce 算法中，Map 的功能是将查询操作和数据集分解成组件。Reduce 的功能是在查询中映射的组件可以被同时处理（归约），从而可以快速地返回结果。

（二）Hadoop 的主要特点

1. 方便

Hadoop 运行在由多机构成的大型集群上，或者云计算平台等云计算服务上。其适用于运行大型分布式程序。

2. 健壮

如果架构硬件频繁地出现故障，那么 Hadoop 就可以处理大多数此类故障，进而可以胜任更加严苛的工作。

3. 横向可扩展

Hadoop 通过增加集群节点，可以线性地横向扩展以处理更大的数据集。

4. 简单

Hadoop 允许用户快速地编写出高效的并行代码，进而可以廉价地建立 Hadoop 集群。如用户与 Hadoop 集群的交互，一个 Hadoop 集群拥有许多并行的计算机，用以存储与处理大数据。客户端计算机发送作业到集群云并获得结果，实现了以计算为中心到以数据为中心的转变。

Hadoop 集群云是指在同一地点用网络互联的一组通用机器。数据的存储与处理都发生在这些机器中，不同的用户可以从独立的客户端提交计算作业到 Hadoop 集群云，这些客户端也可以是远离 Hadoop 集群云的个人计算机。

二、分布式系统与 Hadoop

在解决大规模计算问题时，不能单纯地依赖制造越来越大型的服务器（纵向扩展）。横向扩展显示出了强大的灵活性，并已经获得广泛应用，即把许多低端的机器组织在一起，形成一个功能专一的分布式系统。

横向扩展的分布式系统与纵向扩展大型单机服务器之间的比较，需要考虑现有 I/O 技术的性价比。对于一个有 4 个 I/O 通道的高端机，即使每个通道的吞吐量各为 100MB/s，读取 4TB 的数据集也得需要大约 3 个小时。而利用 Hadoop，同样的数据集会被划分为较小的块（通常为 64MB），通过 Hadoop 分布式文件系统（HDFS）分布在集群内多台分机器上。使用适度的复制，集群可以并行读取数据，进而提供很高的吞吐量。而这样一组通用机器比一台高端服务器要更加便宜。

前面的解释充分展示了 Hadoop 相对于单机系统所表现出的高效率。现在将 Hadoop 与其他分布式系统架构进行比较。一个众所周知的例子是利用普适计算来协助寻找外星生命。利用一台中央服务器存储来自太空的无线电信号，并在网上发布给世界各地的客户端台式机去寻找异常的迹象。这种方法是以计算为中心的方法，将数据移动到计算即将发生的地方，经过计算后，再将返回的数据结果存储起来。

Hadoop 与普适计算不同。普适计算需要客户端和服务器之间重复地传输数据。这虽然能够很好地适应数据密集型的计算工作，但由于数据规模太大，数据移动变得十分困难。Hadoop 强调将代码向数据迁移，而不是相反的。Hadoop 的集群内部既包含数据又包含计算环境。客户端仅需发送待执行的 Map Reduce 程序，而这些程序代码一般都很小（通常为几千字节）。更重要的是，处理程序向数据迁移的理念被应用在 Hadoop 集群自身。数据被拆分后分布于集群中，并且尽可能地使对一段数据的计算发生在同一台机器上，即这段数据驻留的地方。

程序代码向数据迁移的理念符合 Hadoop 面向数据密集型处理的设计目标。一般要运行的程序规模比数据小几个数量级，因此更容易移动。此外，在网络上移动数据要比在其上加载代码花费更多时间。因此，不移动数据，而将可执行代码移动到数据所在的机器上去，这就是常说的以数据为中心的理念。

三、SQL 数据库和 Hadoop

Hadoop 是一个数据处理框架。在当前，数据存储与处理的主要工具是标准的关系数据库。Hadoop 的优势是：SQL（结构化查词语言）是针对结构化数据而设计，而 Hadoop 最初的许多应用是针对非结构化数据。显然，Hadoop 比 SQL 的应用更为广泛。

如果只对结构化数据处理，则 Hadoop 和 SQL 就需要做更深入的比较。原则上 SQL 和 Hadoop 可以互补，因为 SQL 是一种查询语言，可将 Hadoop 作为其执行引擎。但实际上，SQL 数据库往往指一整套传统技术，许多这类关系数据库无法满足 Hadoop 设计所面向的需求。

考虑到这一点，Hadoop 与 SQL 数据库的比较如下。

（一）横向扩展代替纵向扩展

关系型数据库更容易纵向扩展。要运行一个更大的数据库，就需要买一个更大的机器。事实上，往往会看到服务器厂商在市场上将其昂贵的高端机标称为数据库级的服务器。不过有时可能需要处理更大的数据集时，却找不到一个足够大的机器。更重要的是，高端的机器对于许多应用来说并不经济。例如，性能 4 倍于标准 PC 的机器，其成本将大大超过放在一个集群中的标准 4 台 PC。Hadoop 的设计就是为了能够在 PC 集群上实现横向扩展的架构。添加更多的资源，对于 Hadoop 集群就是增加更多的机器。一个 Hadoop 集群的标配是十至数百台计算机。而事实上，如果不是为了产品开发，没有理由在单个服务器上运行 Hadoop。

（二）键值对代替关系表

关系数据库的一个基本原则是让数据按某种模式存放在具有关系型数据结构的表中。虽然关系模型具有大量形式化的属性，但是许多当前的应用所处理的数据类型并不能很好地适应这个模型。其中文本、图片和 XML 文件就是最典型的例子。此外，大型数据集往往是非结构化或半结构化的。Hadoop 使用键值对作为基本数据单元，因其可足够灵活地处理较少结构化的数据类型。在 Hadoop 中，数据的来源可以有任何形式，但最终都会转化为键值对处理。

（三）函数式编程代替声明式查询

SQL 是一种高级声明式语言，查询数据的手段是声明需要的查询结果并使数据库引擎判定如何获取数据。在 Map Reduce 编程模型中，数据处理步骤由用户指定，类似于 SQL 引擎的一个执行计划。SQL 使用查询语句，而 Map Reduce 则使用脚本和代码。Map Reduce 可以用比 SQL 查询更为一般化的数据处理方式。例如，可以建立复杂的数据统计模型或改变图像数据的格式，而 SQL 就不能很好地完成这些任务。

另外，当数据处理非常适合于关系型数据结构时，可以发现使用 Map Reduce 并不自然。因此习惯于 SQL 范式的用户使用 Map Reduce 是一个新的挑战。更轻松地掌握 Map Reduce 编程并非易事，这里还有很多扩展可用，便于人们采用更熟悉的范式来编程，同时拥有 Hadoop 的可扩展性优势。事实上，使用某些扩展可采用一种类似 SQL 的查询语言，并在 Map Reduce 上运行。

（四）离线批量处理代替在线处理

Hadoop 是专为离线处理大规模数据分析而设计的，它并不适合对几个记录随机读写的在线事务处理模式。事实上，Hadoop 最适合一次写入、多次读取的数据存储需求，在这方面它与数据仓库相同。

Hadoop 是一个通用的工具，它使新用户可以享受到分布式计算的好处。通过采用分布式存储、迁移代码而非迁移数据，Hadoop 在处理大数据集时避免了过于耗时的数据传输问题。此外，数据冗余机制允许 Hadoop 从单点失效中恢复。在 Map Reduce 框架中编写程序非常方便，由 Hadoop 分配任务到执行节点、管理节点间的通信，用户不必操心如何分割数据等。

四、基于 Hadoop 的分布式计算

基于 Map Reduce 框架所设计的计算是分布式计算。在 Hadoop 中，分布式文件系统为各种分布式计算需求服务。分布式文件系统就是增加了分布式的文件系统，将定义推广到类似的分布式计算上，可以将其视为增加了分布式支持的计算函数。从计算的角度上看，Map Reduce 框架接受各种格式的键值对文件作为输入，读取并计算后，最终生成自定义格式的输出文件。从分布式的角度来看，分布式计算的输入文件往往规模巨大，并且分布在多台机器上，单机计算完全不能支撑并且效率低下，因此 Map Reduce 框架需要提供一套机制，将计算扩展到无限规模的机器集群上进行。

在 Map Reduce 框架中，将每一次计算请求称为作业。作业可分两个步骤完成。首先是将其拆分成若干个 Map 任务，分配到不同的机器上去执行，每一个 Map 任务将输入文件的一部分作为自己的输入，经过一些计算，生成某种格式的中间文件，这种格式与最终所需的文件格式完全一致，但是仅仅包含一部分数据。因此，等到所有 Map 任务完成后，才会进入下一个步骤，用以合并这些中间文件并获得最后的输出文件。此时，系统会生成若干个 Reduce 任务，同样也是分配到不同的机器去执行，其目标就是将若干个 Map 任务生成的中间文件汇总到最后的输出文件中，这就是 Reduce 任务的价值所在。经过如上步骤后，作业完成，所需要的目标文件也随之生成。算法的关键就在于增加了一个中间文件生成的流程，从而大大提高了灵活性，使其分布式扩展性得到了保证。

（一）基本架构

在 Hadoop 架构中，作业服务器成为 Master。作业服务器负责管理运行在此框架下的所有作业，也是为各个作业分配任务的核心。与 HDFS 的主控服务器类似，简化了负责的同步流程。执行用户定义操作的是任务服务器，每一个作业都被拆分成多个任务，包括 Map 任务和 Reduce 任务等。任务是执行的基本单元，它们都需要分配到合适的任务服务器上去执行，任务服务器一边执行一边向作业服务器汇报各个任务的状态，以此来帮助作业服务器了解作业执行的整体情况，以及分配新的任务等。

除了作业的管理者与执行者之外，还需要一个任务的提交者，就是客户端。与分布式文件系统一样，用户需要定义好所需要的内容，经由客户端相关的代码，将作业及其相关内容和配置提交到作业服务器，并随时监控执行的状况。

与分布式文件系统相比，Map Reduce 框架还有一个特点就是可定制性强。文件系统中很多算法都很固定和直观，不会因为所存储的内容不同而有太多的变化。而作为通用的计算框架，需要面对的问题则更为复杂。在不同的问题、不同的输入、不同的需求之间，很难存在一种通用的机制。对于 Map Reduce 框架而言，一方面要尽可能抽取出公共需求并实现它；另一方面要提供良好的可扩展机制，以满足用户自定义各种算法的需求。

（二）计算流程

在每个任务的执行中，又包含输入的准备、算法的执行、输出的生成三个子步骤。按照这个流程，可以很清晰地了解整个 Map Reduce 框架下作业的执行过程。

1.作业提交

一个作业在提交之前需要完成所有配置，因为一旦提交到了作业服务器，就进入了完全自动化的流程。用户除了观望，最多也只能起到一个监督作用。用户在提交代码阶段，需要做的主要工作是写好所有自定的代码，主要有 Map 和 Reduce 的执行代码。

2.Map 任务的分配

当一个作业提交到了作业服务器，作业服务器将生成若干个 Map 任务，每一个 Map 任务负责将一部分的输入转换成格式与最终格式相同的中间文件。通常一个作业的输入都是基于分布式文件系统的文件，而对于一个 Map 任务而言，它的输入往往是输入文件的一个数据块，或者是数据块的一部分，但通常不跨数据块。因为一旦跨了数据块，就可能涉及多个服务器，带来不必要的麻烦。

当一个作业从客户端提交到了作业服务器上，作业服务器便将作业拆分成若干个 Map 任务后，会预先挂在作业服务器上的任务服务器拓扑树上。这是依照分布式文件数据块的位置来划分的，比如一个 Map 任务需要用某个数据块，这个数据块有三份备份，那么在这三台服务器上都会挂上此任务，可以视为一个预分配。

任务分配是一个重要的环节，任务分配就是将合适的作业分配到合适的服务器上。主要分为两个步骤。

（1）选择作业，然后是在此作业中选择任务。与所有分配工作一样，任务分配也是一个复杂的工作。不当的任务分配，可能会导致网络流量增加、某些任务服务器负载过重以及效率下降等。不仅如此，任务分配还没有一致模式，不同的业务背景，可能需要不同的分配算法才能满足需求。当一个任务服务器工作得游刃有余，期待获得新任务的时候，将按照各个作业的优先级，从最高优先级的作业开始分配。每分配一个，还会为其用出余量，以备不时之需。举一个例子：系统目前有优先级 3、2、1 的三个作业，每个作业都有一个可分配的 Map 任务，一个任务服务器来申请新的任务，它还有能力承载 3 个任务的执行，将先从优先级为 3 的作业上取一个任务分配给它，然后再留出一个任务的余量。此时，系统只能将优先级为 2 作业的任务分配给此服务器，而不能分配优先级 1 的任务。这样的策略，基本思路就是一切为优先级高的作业服务。

（2）确定了从哪个作业提取任务后，具体的分配算法很简单，就是尽全力为此服务器分配任务，也就是说，只要还有可分配的任务，就一定会分给它，而不考虑后来的服务器。作业服务器会从离它最近的服务器开始，看上面是否还挂着未分配的任务（预分配上的），从近到远，如果所有的任务都分配了，那么看有没有开启多次执行，如果开启，便会考虑把未完成的任务再分配一次。

对于作业服务器来说，把一个任务分配出去了，并不意味着作业服务器工作完成，可以对此任务不管不顾了。因为任务可以在任务服务器上执行失败，可能执行缓慢，这都需要作业服务器帮助它们再来执行一次。

3.Map 任务的执行

与 HDFS 类似，任务服务器是通过心跳消息向作业服务器汇报此时各个任务执行的状况，并向作业服务器申请新的任务。在实现过程中，使用池化的方式。有若干个固定的槽，如果槽没有满，那么就启动新的子进程；否则，就寻找空闲的进程。如果是同任务的直接放进去，会杀死这个进程，用一个新的进程代替。每一个进程都位于单独线程中。但是从实现上看，这个机制好像没有部署，子进程是死循环等待，而不会阻塞在父进程的相关线程上。父线程的变量一直都没有调整，一旦分配，始终都处在繁忙的状态。

4.Reduce 任务的分配与执行

Reduce 的分配比 Map 任务简单，基本上是所有 Map 任务完成了，如果有空闲的任务服务器，就给分配一个任务。因为 Map 任务的结果星罗棋布，且变化多端，如果真要搞一个全局优化的算法，将会得不偿失。而 Reduce 任务执行进程的构造和分配流程，与 Map 基本一致。但 Reduce 任务与 Map 任务的最大不同是 Map 任务的文件都存于本地，而 Reduce 任务需要到处采集。这个流程是作业服务器经由此 Reduce 任务所处的任务服务器，告诉 Reduce 任务正在执行的进程，它需要 Map 任务执行过的服务器地址，此 Reduce 任务服务器会与原 Map 任务服务器联系，通过 FTP 服务下载。这个隐含的直接数据联系，就是执行 Reduce 任务与执行 Map 任务最大的不同了。

5. 作业的完成

当所有 Reduce 任务都完成之后，所需数据就都写到了分布式文件系统上，整个作业才算正式完成。

（三）Map Reduce 程序的执行过程

基于 Map Reduce 算法编写的 Map Reduce 程序的分布式执行过程：

用户程序中的 Map Reduce 类库首先将输入文档分割成大小为 16~64MB 的文件片段，用户也可以通过设置参数对大小进行控制。随后，集群中的多个服务器开始执行多个用户程序的副本。

由 Master 负责分配任务，如果总计分配 M 个 Map 任务和 R 个 Reduce 任务，分配的原则是 Master 选择空闲的 Worker 并为其分配一个 Map 任务或一个 Reduce 任务。

被分配到 Map 任务的 Worker 读取对应文件片段，从输入数据中解析出键值对，并将其传递给用户定义的 Map 函数。由 Map 函数产生的键值对被存储在内存中。

缓存的键值对被周期性地写入本地磁盘，并被分成 R 个区域。这些缓存数据在本地磁盘上的地址被传递回 Master，由 Master 再将这些地址送到负责 Reduce 任务的 Master。

当负责 Reduce 任务的 Master 得到关于上述地址的通知时，它使用远程过程调用从本地磁盘读取缓冲数据。随后，Worker 将所有读取的数据按键排序，使得具有相同键的对排在一起。

对于每个唯一的键，负责 Reduce 任务的 Worker 将对应的数据集传递给用户定义的 Reduce 函数。这个 Reduce 函数的输出被作为 Reduce 分区的结果添加到最终的输出档中。

当所有的 Map 任务和 Reduce 任务都完成时，Master 会唤醒用户程序。此时，用户程序的 Map Reduce 调用向用户的代码返回结果。

Map Reduce 模型通过将数据集的大规模操作分发给网络上的各节点实现可靠性，每个节点将完成的工作和状态更新周期性地报告。如果一个节点保持沉默超过一个预设的时限，主节点会记录下这个节点状态为死亡，并把分配给这个节点的数据发送到别的节点。每个操作使用原子操作以确保不会发生并行线程间的冲突，当文件被改名的时候，为了避免产生副作用，系统会将它们复制到任务名以外的另一个名字上去。

由于化简操作并行能力较差，主节点会尽量把化简操作调度在一个节点上，或者离需要操作的数据尽可能近的节点上。这种做法适用于具有足够的带宽、内部网络没有那么多机器情况下的需求。

第三节　大数据的云技术

一、云计算

如果将各种大数据的应用比作一辆辆"汽车"，那么支撑起这些"汽车"运行的"高速公路"就是云计算。正是云计算技术在数据存储、管理与分析等方面的支撑，才使得大数据有了用武之地。

而在所有的"高速公路"中，谷歌公司无疑是技术最为先进的一个。需求推动创新，面对海量的 Web 数据，谷歌公司于 2006 年首先提出了"云计算"概念。支撑谷歌公司内部各种大数据应用的正是其自行研发的一系列云计算技术和工具。难能可贵的是谷歌公司并未将这些技术完全封锁，而是以论文的形式逐步公开其实现。正是这些公开的论文，使得以 GFS、Map Reduce.Big table 为代表的一系列大数据处理技术被广泛了解并得到应用，同时还催生了以 Hadoop 为代表的一系列云计算开源工具。云计算技术很多，但是谷歌对云计算技术的介绍，使人们能够快速、完整地把握云计算技术的核心和精髓。

（一）文件系统

文件系统是支撑上层应用的基础。在谷歌之前，尚未有哪个公司面对过如此多的海量数据。因此对于谷歌公司而言，并没有完全成熟的存储方案可供直接使用。谷歌公司认为系统组件失败是一种常态而不是异常，基于此思想谷歌公司自行设计开发了谷歌文件系统。GFS 是构建在大量廉价服务器之上的一个可扩展的分布式文件系统，GFS 主要针对文件较大，且"读"远大于"写"的应用场景，采用主从（master-slave）结构。通过数据分块、追加更新（append-only）等方式实现了海量数据的高效存储。然而随着时间的推移，GFS 的架构逐渐开始无法满足需求。谷歌公司对 GFS 进行了重新设计，该系统正式的名称为 Colossus，其中 GFS 的单点故障（指仅有一个主节点容易成为系统的瓶颈）、海量小文件的存储等问题在 Colossus 中均得到了解决。

（二）数据库系统

原始的数据存储在文件系统之中，但是用户习惯通过数据库系统来存取文件。因为这样会屏蔽底层的细节，且方便管理数据。传统的数据库技术并不适合大数据时代，因为传统的数据库产品对于性能的扩展更倾向于 Scale-UP（纵向扩展）的方式，而这种方式对于性能的增加速度远低于需要处理数据的增长速度，且性能提升存在上限。适应大数据的数据库系统应当具有良好的 Scale-Out（横向扩展）能力，而这种性能扩展的方式恰恰是传统数据库所不具备的。Big table 是谷歌早期开发的数据库系统，它是一个多维稀疏排序表，由行和列组成，每个存储单元都有一个时间戳，形成三维结构。不同的时间对同一个数据单元的多个操作形成的数据的多个版本之间由时间戳来区分。Big table 的模型简单，但是相较传统的关系数据库其支持的功能非常有限，并不支持 ACID 特性。因此谷歌开发了 Mega store 系统，虽然其底层数据存储依赖 Big table，但是它实现了类似 RDBMS 的数据模型，且同时提供数据的强一致性解决方案。Mega Store 将数据进行细粒度的分区，数据更新会在机房间进行同步复制。目前谷歌正在使用的数据库系统是 Spanner 架构，谷歌在 OSDl2012 上公开了 Spanner 的实现。Spanner 是第一个可以实现全球规模扩展，并且支持外部一致的事务的数据库。通过 GPS 和原子时钟技术，Spanner 实现一个时间 API 借助该 API，数据中心之间的时间同步能够精确到 10ms 以内。Spanner 类似于 Big table，但是它具有层次性的目录结构以及细粒度的数据复制。对于数据中心之间，不同的操作会分别支持强一致性或弱一致性，且支持更多的自动操作。Spanner 的目标是控制 100 万到 1000 万台服务器，最多包含大约 10 万亿目录和 1000 万亿字节的存储空间。另外在 SIGMOD2012 上，谷歌公开了用于其广告系统的新数据库产品 F1。作为一种混合型数据库 F1 融合 Big table 的高扩展性以及 SQL 数据库的可用性和功能性。该产品的底层存储正是采用 Spanner，其具有很多新的特性，包括全局分布式、同步跨数据中心复制、可视分片和数据移动、常规事务等。

（三）分析系统

数据分析是谷歌最核心的业务，每一次简单的网络点击背后都需要进行复杂的分析过程，因此谷歌对其分析系统进行不断地升级改造。Map Reduce 是谷歌最早采用的计算模型，更适用于批处理，其具体内容已在前面介绍过。"图"是真实社会中广泛存在的事物之间联系的一种有效表示手段，因此对图的计算是一种常见的计算模式，而图计算会涉及在相同数据上的不断更新以及大量的消息传递，如果采用 Map Reduce 实现会造成大量不必要的序列化和反序列化开销。而现有的图计算系统并不适用于谷歌的应用场景，因此谷歌设计并实现了 Pregel 图计算模型。Prcgel 是谷歌继 Map Reduce 之后提出的又一个计算模型，与 Map Reduce 的离线批处理模式不同，它主要用于图的计算。该模型的核心思想源于著名的 BSP 计算模型。Dremel 是谷歌提出的一个适用于 Web 数据级别的交互式数据分析系统，通过结合列存储和多层次的查询树，Dremel 能够实现在极短时间内的海量数据分析。Dremel 支持着谷歌内部的一些重要服务，比如谷歌的云端大数据分析平台 Big Query。谷歌在 VLDB2012 发表的文章中介绍了一个内部名称为 Power Drill 的分析工具，Powcr Drill 同样采用了列存储，且使用了压缩技术将尽可能多的数据装载进内存。Power Drill 与 Dremel 均是谷歌的大数据分析工具，但是其关注的应用场景有所不同，实现技术也有很大差异。Dremel 主要用于多数据集的分析，而 Power Drill 则主要应用于大数据量的核心数据集分析，数据集的种类相对于 Dremel 的应用场景会少很多。由于 Power Drill 是设计用来处理少量核心数据集的，因此对数据处理速度要求极高，所以其数据应当尽可能地驻留在内存，而 Dremel 的数据则存储在磁盘中。除此之外，Power Drill 与 Dremel 在数据模型、数据分区等方面都有明显的差别。从实际的执行效率来看，Dremel 可以在几秒内处理 PB 级的数据查询，而 Power Drill 则可以在 30~40 秒内处理 7820 亿个单元格的数据，处理速度快于 Dremel。二者的应用场景不同，可以相互补充。

（四）索引系统

索引的构建是提供搜索服务的关键部分。谷歌公司最早的索引系统是利用 Map Reduce 来更新的。根据更新频率进行层次划分，不同的层次对应不同的更新频率。每次需要批量更新索引，即使有些数据并未改变也需要处理掉。这种索引更新方式效率较低。随后谷歌提出了 Percolator，这是一种增量式的索引更新器，每次更新不需要替换所有的索引数据，效率大大提高。虽然不是所有的大数据应用都需要索引，但是这种增量计算的思想非常值得我们借鉴。目前谷歌所采用的索引系统为 Caffeine，其具体实现尚未公布。但是可以确定 Caffeine 是构建在 Spanner 之上的。而采用 Percolator 更新索引，效率相对于上一代索引系统而言有大幅度提高。

除了谷歌，众多企业和学者也从不同角度对大数据进行了详尽的研究。在文件系统方面，微软自行开发的 Cosmos 支撑着其搜索、广告等业务。Hadoop 的 HDFS 和 CloudStore 都是模仿 GFS 的开源实现。GFS 类的文件系统主要是针对较大文件设计的，而在图片存储等应用场景，文件系统主要存储海量小文件，此时 GFS 等文件系统因为频繁读取元数据等原因，导致效率很低。针对这种情况 Facebook 推出了专门针对海量小文件的文件系统 HayStack。通过多个逻辑文件共享同一个物理文件、增加缓存层、部分元数据加载到内存等方式有效地解决了 Facebook 海量图片存储的问题。淘宝推出了类似的文件系统 TFS（Tao File System），通过将小文件合并成大文件、文件名隐含部分元数据等方式实现了海量小文件的高效存储。

在数据库方面，除了 Big table，Amazon 的 Dynamo 和 Yahoo 的 PNUTS 也都是非常具有代表性的系统。Dynamo 综合使用了键 / 值存储、改进的分布式散列表（DHT）、向量时钟等技术实现了一个完全的分布式、去中心化的高可用系统。PNUTS 是一个分布式数据库，在设计上使用弱一致性来达到高可用性的目标，主要的服务对象是相对较小的记录，比如在线的大量单记录或者小范围记录集合的读和写访问，并不适合存储大文件以及流媒体等。Big table、Dynamo、PNUTS 等的成功促使人们开始对关系数据库进行反思，由此产生了一批现在统一称为 NoSQL 的数据库，有关 NoSQL 数据库的内容将在后面介绍。

在数据分析方面，微软公司提出了一个类似 Map Reduce 的数据处理模型，称为 DryACIDryad 模型，主要用来构建支持有向无环图类型数据流的并行程序。Cascading 通过对 Hadoop Map Reduce API 的封装，支持有向无环图类型的应用。

Sector/Sphere 可以视为一种流式的 Map Reduce，它由分布式文件系统 Sector 和并行计算框架 Sphere 组成，Nephele/PA 编程模型和并行计算引擎 Nephele。目前 Map Reduce 模型基本成为批处理类应用的标准处理模型，很多应用开始尝试利用 Map Reduce 加速其数据处理。

二、云平台

云平台的出现，是云计算的最重要环节之一。云平台，顾名思义，就是允许开发者将写好的程序放在"云"里运行，或是使用"云"里提供的服务，或两者皆是。至于这种平台的名称，类似称呼，包括按需平台、平台即服务等等。但无论称呼它什么，这种新的支持应用的方式都有着巨大的潜力。

（一）基本组成

云平台一般包含以下三个部分：

1. 一个基础

几乎所有应用都会用到一些在机器上运行的平台软件。各种支撑功能（如标准的库与存储，以及基本操作系统等）均属于此部分。

2. 一套基础设施服务

在现代分布式环境中，一些应用经常要用到由其他计算机提供的基本服务。比如，提供远程存储服务、集成服务及身份管理服务等都是很常见的。

3. 一套应用服务

随着越来越多的应用面向服务化，这些应用提供的功能可为新应用所使用。尽管这些应用主要是为最终用户提供服务的，但这同时也令它们成为应用平台的一部分。

（二）三种云服务

云是网络、互联网的一种比喻说法。过去在图中往往用云来表示电信网，后来也用来表示互联网和底层基础设施的抽象。

云服务指通过网络以按需、易扩展的方式获得所需服务。常见的云服务有公共云与私有云两种。私有云是为一个客户单独使用而构建的，因而提供对数据、安全性和服务质量的最有效控制。该公司拥有基础设施，并可以控制在此基础设施上部署应用程序的方式。私有云可部署在企业数据中心的防火墙内，也可以部署在一个安全的主机托管场所，私有云的核心属性是专有资源。公共云是最基础的服务，多个客户可共享一个服务提供商的系统资源，他们无须架设任何设备及配备管理人员，便可享有专业的 IT 服务，这对于一般创业者和中小企业来说，无疑是一个降低成本的好方法。公共云还可细分为三个类别，包括软件即服务、平台即服务及基础设施即服务。

1. 软件即服务

一种通过 Internet 提供软件的模式，用户无须购买软件，而是向提供商租用基于 Web 的软件，来管理企业经营活动。

2. 平台即服务

平台即服务指将软件研发的平台作为一种服务，以 SaaS 的模式提交给用户。因此，PaaS 也是 SaaS 模式的一种应用。但是，PaaS 的出现可以加快 SaaS 的发展，尤其是加快 SaaS 应用的开发速度。

3. 基础设施即服务

消费者通过 Internet 可以从完善的计算机基础设施获得所需的服务。

第四节　SQL、NoSQL与NewSQL系统

SQL 系统是使用结构化查询语言（SQL）的关系型数据库。该类系统的关键部分是 SQL，该语言是经过时间考验的。目前大数据公司和组织（如谷歌、Facebook、loudera 和 Apache）正在积极投资于 SQL。而 SQL 的独特优势包括以下三方面：① SQL 是标准化的，使用户能够跨系统运行，并对第三方附件和工具提供支持。② SQL 能够扩展，并且是多功能的，因此能够很好地支持从以写为主导的传输到扫描密集型分析应用。③ SQL 对数据的呈现和存储采用正交形式。因此，传统的关系型数据库的流行是由于 SQL 的流行，它在

2016 年的市场份额已经接近 410 亿美元，能保证每日处理百万级别的网页请求数据。虽然传统的关系型数据库能够完美地适应众多应用场景，但是却无法适应大数据类型的当代应用，如社会网络要求近乎实时地处理百万次级别的读请求和十亿次级别的写请求。换言之，现有需求要求数据管理系统有至少每秒进行十亿次级别的处理能力。因此，大数据的需求是新型数据管理系统设计的动力来源。

为了给这些大数据应用提供数据服务，数据库技术已经开始逐步摆脱之前的关系型数据模型，并朝着更为多元化的方向发展。分布式关系型数据库，如 NoSQL、NewSQL 都已经占有各自的市场，在这基础之上的云端服务又在弱化其中的差异。

关于 NoSQL 的说法目前比较含糊，一种对 NoSQL 的定义是：提供简单操作（如密钥/数值存储）或简单记录和索引，并专注于这些简单操作的横向可扩展性的系统。NoSQL 的主要特点是更适合于特定的问题。例如，图形数据库更适合于数据通过关系组织的情况，而专门的文本搜索系统更适合于需要实时搜索的情况。大多数 NoSQL 系统或多或少地都具备以下特点：①不需要预定义模式。不需要事先定义数据模式，预定义表结构，数据中的每条记录都可能有不同的属性和格式。当插入数据时，并不需要预先定义它们的模式。②无共享架构。相对于将所有数据存储在同一个网络区域的全共享架构，NoSQL 往往先将数据划分，然后存储在各个本地服务器上。因为从本地磁盘读取数据的性能往往好过通过网络传输读取数据的性能，从而提高了系统的性能。③弹性可扩展。可以在系统运行的时候，动态增加或者删除节点。不需要停机维护，数据即可自动迁移。④分区。相对于将数据存放于同一个节点，NoSQL 数据库需要将数据进行分区，将记录分散在多个节点上。并且通常分区的同时还要进行复制，这样既提高了并行性能，又能保证没有单点失效的问题。⑤异步复制。与 RAn 存储系统不同的是，NoSQL 中的复制往往是基于日志的异步复制。这样，数据就可以尽快地写入一个节点，避免网络传输引起的迟延。缺点是并不总是能保证一致性，这样的方式在出现故障的时候，可能会丢失少量的数据。⑥ BASE 特性。相对于事务严格的 ACID 特性，NoSQL 数据库保证的是 BASE 特性。

值得注意的是，为了换取性能，当代新型系统不能提供类似关系型数据库的某些特性，如强制的数据完整性。由于这类数据管理系统相对较新，标准并不完善，数据库的特征和数据模型因数据库厂商对大数据理解的不同而产生非常大的分歧：一些数据库系统并不提供事务处理，而另一些甚至不使用 SQL。总体来说，关系型数据库是基于关系数据模型的，但 NoSQL 并不是，NoSQL 的数据模型更为多样。截至 2016 年 3 月，已知的 NoSQL 型数据库系统已经有了 300 余种。具体来说，所有的关系型数据库都基于相同的数据模型和数据处理语言，因此功能都大同小异。而 NoSQL 系统却各有不同，如不同的数据处理模型、不同的查询语言、是否支持事务、不同的 API 接口和安全特性等。因此，不同 NoSQL 系统的基本特性是不定的，但却是趋于重叠的。

一、SQL 类数据库

传统关系型数据库市场依然由 Oraclc、MySQL、Microsoft SQL Server 所把控，目前依然占据数据库市场的最大份额。然而这三个数据库在产品功能趋同的情况下，也在进行差异化发展。目前这三个系统已经非常完善且功能基本一致，本节对其进行简单的介绍。

（一）Oracle

Oracle 是功能最为完善与强大的数据库，可以提供一整套从软件到硬件的各种解决方案。目前，它依然是传统金融、电信行业的重要数据库选型参考。近年来，Oracle 数据库已经不满足提供单纯的数据库软件，而是开始提供一体机解决方案，这应看成是 Oracle 数据库未来着力发展的一个方向。Oracle 数据库一体机是全面集成了 Oracle 数据库软件和服务器、存储、网络系统的一休化数据库设备，其无须组装或布线。要使用 Oracle 数据库一体机，只需打开包装、插上电源线、插上网线、为其命名，然后安装 Oracle 设备管理器软件，即可快速创建一个集群化、高度可用的数据库系统。未来，Oracle 数据库一体机主要面向的是中小企业和部门级应用。

（二）MySQl

MySQL，是最为流行的开源数据库产品，随着 Oracle 公司收购 SUN 公司，目前 MySQL 已经隶属于 Oracle 公司。MySQL 是互联网行业使用最为广泛的数据库，Facebook、谷歌、百度、腾讯、阿里和网易等互联网公司都是其客户。

（三）Microsoft SQL Server

Microsoft SQL Server 是一个全面的数据库平台，使用集成的商业智能 BD 工具提供企业级数据管理。Microsoft SQL Server 数据库引擎为关系型数据和结构化数据提供了安全可靠的存储功能，可以构建和管理用于业务的高可用和高性能的数据应用程序。Microsoft SQL Server 的优点是可以集成 Windows 平台的所有特性，并提供一站式的整体解决方案。其缺点是由于是 Windows 数据库，因此其只能部署在 Windows 操作系统上，系统的稳定性有所欠缺。同时，也导致其在互联网应用中所占份额相对较少。

二、NoSQL 类数据库

大数据应用需要实时的预测分析、个性化定制、动态定价、优质客户服务、欺诈检测和异常检测等。这些对数据库的需求可概括为：①简单的数据响应但必须确保高可用性；②内置支持版本控制和数据压缩；③查询执行必须接近于实时响应；④多种查询方法能支持非常复杂的 Ad-hoc 查询；⑤支持交互式查询；⑥并行处理能力。然而这些特点对数据库的需求也不尽相同，不同 NoSQL 系统的功能和特性差异也较大，因此对它的选择主要还是考虑不同的应用需求。总的来说，NoSQL 所能提供的特性无外乎六大方面，即可塑的数据模式、弹性查询、操作简便、社区化、可扩展性和低代价。

1. 可塑的数据模式

在众多当代应用中，数据模型往往是不固定的，如广告推荐系统的用户兴趣信息项通常是不固定的。管理这类数据使用关系数据库的"先有模式，后有数据"的方式是不可行的。一个单一模式的改变，如增加一列，在一个复杂的环境里可能就会花费数周时间；相反 NoSOL 系统在设计之初就已经实现了可塑模式，如基于文档的数据模型或键—值对模型等。在这些系统中，用户可以先加载数据，然后再定义模式。

2. 弹性查询

有了可塑模式，上层查询就要发生变化，这种变化就是弹性数据库的查询。"免格式"（free-form）查询依赖于正则表达式和关键字，而该类查询方法非常适合 NoSQL 系统检索异构数据集的元数据。在理想世界中，人们曾期待适用一切的数据模式，但是当"碰见"异构数据之后，发现这仅仅是一个愿望。目前针对异构数据最有效的解决方法就是将其元数据存入 NoSQL 数据库，并用可期模式描述，对它的查询使用基于关键字的查询方法。

3. 操作简便

众所周知，传统单一节点的数据处理系统管理起来比较困难。当底层数据库增大且查询变为实际执行任务时，对它的调用将变得非常困难，因为数据规模的增大会导致可用性的降低。此外，大多数现代数据处理系统都部署在商业集群上，而集群组件的管理也比较困难，因为在应用程序中需要处理集群组件故障的情况。因此，高可用性在某种意义上比性能更为重要。然而高可用性在多数据中心环境下变得越来越难以保证，为了保证一个应用的高可用性，最好的办法是将这个应用部署在整个数据中心，而不是某些节点上。这些需求对集群的设置提出了很高的要求，但 NoSQL 系统需要这样的高可用性，以保证其操作简单。

4. 社区化

现在很多 NoSQL 数据库都是开源的，如 HBase，而开源促成了其强大的社区，而强大的社区会不断地促进系统改进与升级。NoSQL 系统也尝试维持一个高活跃度的用户社区，而社区的管理却是松散的，大家一般交流会很频繁，但是很少制订有规律的计划。

5. 可扩展性

NoSQL 系统为了满足大数据的存储，必须是高可扩展的，而高可扩展性体现于在分布式集群上存储和管理数据。通过增加商用服务器，集群是很容易横向扩展的。例如，一些使用 Map Reduce 具有大规模并行能力的集群可以通过扩展集群来达到性能要求。

6. 低代价

传统数据库软件一般会卖给用户一个序列号，安装程序可以在其官网下载，这种模式已经不适合当前的发展。首先，大数据时代，企业乐见于数据的增长快过当前数据创造价值的增长，如数据规模增长了一倍，但收益几乎没有变化。如果管理数据的软件成本非常高，势必会严重阻碍公司的发展。其次，很多 NoSQL 数据库都是开源的，可以免费使用，如想维护方便，可以以"云"的形式直接购买 NoSQL 服务，这样的成本比使用传统的关系型数据库要低得多。

下面将简单介绍几种典型的 NQSQL 系统。

1. 文档数据库

MongoDB 已经超越部分传统关系型数据库，如 PostgreSQL、DB2 是目前在 IT 行业非常流行的一种非关系型数据库，其灵活的数据存储方式备受当前 IT 从业人员的青睐。MongoDB 很好地实现了面向对象的思想，在 MongoDB 中每一条记录都是一个文档对象。MongoDB 最大的优势在于所有的数据持久操作（CRUD）都无须开发人员手动编写 SQL 语句，而是直接调用方法就可以轻松实现 CRUD 操作。目前 MongoDB2.8 的最新版本已经实现了对 WiredTiger 存储引擎的支持，提供了文档级别的锁，从而使得性能、压缩性和可用性都得到了极大的提升。

2. 列存储数据库

HBase 是一个分布式的、面向列的开源数据库，该技术来源于 FayChang 所撰写的谷歌论文——《Big table：一个结构化数据的分布式存储系统》。就像 Big table 利用了谷歌文件系统所提供的分布式数据存储一样，HBase 在 Hadoop 之上提供了类似于 Big table 的能力。HBase 是 Apache 的 Hadoop 项目的子项目，HBase 不同于一般的关系数据库，它是一个适合于非结构化数据存储的数据库。另一个不同点是 HBaSe 是基于列的而不是基于行的模式。

3. 列存储数据库

Cassandra 是一套开源分布式非关系数据库系统。它最初由 Facebook 开发，用于存储收件箱等简单格式数据，集谷歌 Bigtable 的数据模型与 AmazonDynamo 的完全分布式的架构于一身。2008 年 Facebook 将 Cassanclra 开源。此后，由于 Cassandra 具有良好的可扩展性，所以被 Digg.Twitter 等知名 Web2.0 网站所采用，成为一种流行的分布式结构化数据存储方案。Cassandra 是一个混合型非关系的数据库，是介于关系数据库和非关系数据库之间的开源 产品，是非关系数据库当中功能最丰富，最"像"关系数据库的。数据存储采 用 bjson 格式，因此可以存储相对复杂的数据类型。

4. 键—值对数据库

Redis 是一个高性能的键—值对数据库。Redis 的出现很大程度弥补了之 前 Memcached（一种分布式缓存系统）这类键—值对存储系统的不足，其 在部分场合可以对关系数据库起到很好的补充作用。目前它已经取代传统的 Memcacbed 缓存系统，成为了最为流行的键—值对缓存系统。相比 Memcached 系统，Redis 也是一个键—值对系统，但是它支持存储的 Value 类型相对更多， 包括字符串、链表、集合、有序集合和散列类型。这些数据类型都支持进栈 / 出栈（Push/pop）、增加 / 删除（add/remove）、取交集 / 并集 / 差集及更丰富 的操作，而且这些操作都是原子性的。Redis 支持主从同步，数据可以从主服 务器向任意数量的从服务器上同步，从服务器也可以是关联其他从服务器的主 服务器。这使得 Redis 可执行单层树复制。同步功能对读取操作的可扩展性和 数据冗余很有帮助。

三、NewSQL 类数据库

NewSQL 类数据库的两个代表一个是国外的谷歌 Spanner，另一个是国内 的阿里 Ocean Base。这两个数据库中一个是国际上使用量最大的 NewSQL 数据 库，一个是国内使用量最大的 NewSQL 数据库。

（一）谷歌 Spanner

Spanner 是谷歌的全球级分布式数据库。Spanner 具有高扩展性、多版本、世界级分布及同步复制等特性。Spanner 立足于高抽象层次，使用 Paxos 协议横跨多个数据集把数据分散到世界上不同数据中心的状态机中，世界范围内响应，当出现故障时客户副本之间可自动切换。当数据总量或服务器的数量发生改变时，为了平衡负载和处理故障，Spanner 可自动完成数据的重切片和跨机器（甚至跨数据中心）的数据迁移。Spanner 可以轻松横跨数百个数据中心将万亿级数据库行扩展到数十万台机器中。高可靠性更是让应用程序如虎添翼，即使面对大范围的自然灾害，此系统的可靠性仍然能得到良好的保障（因为 Spanner 有着世界级数据转移）。最初的用户来自 Fl——使用了美国境内的 5 个拷贝。多数其他应用程序都是在同一个地理区域将数据复制 3~5 份，使用相对独立的故障模式。也就是说，多数的应用程序会选择低延迟超过高有效性，只用一两个数据中心来保障数据的可能性。目前，谷歌的云服务中还没有提供 Spanner，谷歌正在逐步将部分内部业务迁移到 Spanner 上，如谷歌广告业务，相信在不久的将来会看到谷歌 Cloud 正式推出 Spanner 云服务。

（二）阿里 Ocean Base

Ocean Base 是一个支持海量数据的高性能分布式数据库系统，可以实现数千亿条记录、数百 TB 数据上的跨行跨表事务，其是由淘宝核心系统研发部、运维、DBA、广告和应用研发等部门共同完成。在设计和实现上，Ocean Base 暂时摒弃了不紧急的 DBMS 的功能，如临时表、视图，而是研发团队把有限的资源集中到关键点上。当前 Ocean Base 主要解决数据更新一致性、高性能的跨表读事务、范围查询、连接、数据全量及增量 dump 和批量数据导入。目前 Ocean Base 已经应用于淘宝收藏夹，用于存储淘宝用户收藏夹和具体的商品、店铺信息，每天支持 4000 万 ~5000 万的更新操作。目前 Ocean Base 还处于阿里集团内部推广应用的阶段，随着在内部系统上的逐渐稳定，后续阿里云可能会考虑提供 Ocean Base 的云服务。

第三章　大数据网络空间

第一节　社会网络

社会媒体是具有广泛用户的在线交互媒体，允许用户在线发布和传播信息，相互沟通与协作，组成虚拟网络社区。社会媒体具有媒体属性和社交功能，其基础是社会网络。目前最受关注的社会媒体是社交网站和微博，国内以微信、新浪微博、腾讯微博为代表，典型的社会媒体还包括论坛、博客和视频网站等。现如今社会网络已经逐渐成为人们交流、传播、分享信息的主要媒介。社会网络产生的理念来源于六度分隔理论和150法则，社交网络构成了大数据的重要生态环境。所以社会网络的研究意义深远。

社会网络出现于20世纪30年代，由于社会结构的概念不断地深化，形成了一套系统的理论、方法和技术，并成为一种重要的社会结构研究范式。互联网是机器的互联，万维网是信息的互联，物联网是物的互联，社会网是人的互联。

社会网络的概念首先由英国著名人类学家布朗提出，社会网络是由某些个体间的社会关系构成的相对稳定的系统，把网络视为联结行动者的一系列社会联系或社会关系，其相对稳定的模式构成了社会结构。随着应用领域的不断扩展，现在的社会网络已经超越了人际关系的范畴，网络的行动者可以是个人，也可以是集体单位，如家庭、部门、组织。网络成员各自占有不同的稀缺性资源，其关系的数量、方向、密度、力量和行动者在网络中的位置等因素，影响着资源流动的方式和效率。

一、社会网络结构

社会网络由社会关系所构成，社会网络表示了行动者之间的社会结构关系。构成社会网络的主要要素如下：

1. 行动者

行动者可以是具体的个人，也可以是一个群体或集体性的社会单位。每个行动者在网络中的位置被称为节点。

2. 关系

将行动者之间的相互关联称为关系。其中主要的关系形式是亲属关系、合作关系、交换关系、对抗关系等。

3. 二人组

二人组是社会网络中最基本的形式，由两个行动者所构成的二人组关系是分析各种关系的基础。

4. 三人组

三人组关系是指由三个行动者所构成的关系。

5. 子群

子群关系是指行动者全集的子集。

6. 群体

群体关系是指得到测量的所有行动者的集合。

二、社会网络理论

社会网络理论由关系要素和结构要素组成。关系要素关注行动者之间的社会性关系，通过社会联结的密度、强度、对称性、规模等来说明特定的行为和过程。结构要素关注网络参与者在网络中所处的位置，主要研究两个或两个以上的行动者和第三方之间的关系所折射出来的社会结构，以及这种结构的形成和演进模式。这两类要素都对知识和信息的流动有着重要的影响。更具体地说，联结强度、社会资本、结构洞是社会网络理论的核心内容。

（一）联结强度

社会网络的节点间的联结分为强联结与弱联结，可以从互动的频率、感情力量、亲密程度和互惠交换四个维度来进行区分。强联结与弱联结又分别称为强关系与弱关系。强关系是指在性别、年龄、教育程度、职业身份、收入水平等社会经济特征相似的个体之间的关系，而弱关系则是在社会经济特征不同的个体之间的关系。群体内部相似性较高的个体所了解的事物、事件经常是相同的，所以通过强关系获得的资源经常是冗余的。弱关系是在群体之间发生的，跨越了不同的信息源，能够充当信息桥的作用，可将其他群体的信息、资源带给本不属于该群体的某个个体。强关系维系着群体和组织内部的关系，弱关系则在群体、组织之间建立了纽带联系。通过强关系获得的信息往往重复性很高，而弱关系比强关系更能跨越其社会界限去获得信息和其他资源。社会网络的节点间的联结是社会网络分析的最基本分析单位。

弱联结是求取无冗余的新知识的重要通道，但是，资源不一定总能在弱联结中获取，强联结是个人与外界发生联系的基础与出发点。网络中发生的知识流通往往发生于强联结之间。强联结包含某种信任、合作与稳定，能够传递高质量的、复杂的或隐性的知识。

（二）社会资本

法国社会学家布迪厄提出了社会资本概念。社会资本指个人所拥有的，但表现为社会结构资源的资本财产。它们由构成社会结构的要素组成，主要存在于社会团体和社会关系网之中。个人参加的社会团体越多，其社会资本越雄厚、个人的社会网络规模越大、异质性越强，其社会资本越丰富。社会资本越多，所摄取资源的能力越强。不仅个人具有社会资本，企业也有企业社会资本，通过联结获取稀缺资源的能力就是企业的社会资本。由于社会资本代表了一个组织或个体的社会关系，因此，在一个网络中，一个组织或个体的社会资本数量决定了在网络结构中的地位。

（三）结构洞

无论是个人还是组织在社会网络中都表现为两种形式。一种形式是在网络中的任何主体与其他主体都存在联系，不存在联系断开现象，从整个网络来看，这就是无洞结构。由于无洞结构要求主体之间全联结，所以只在小群体中存在。另一种形式是社会网络中的某个或某些个体与其他个体不发生直接联系或者无直接联系或联系中断的现象，从整个网络来看，无直接联系就是出现了洞。

可以看出，一个结构洞表明了两个行动者之间的非冗余的联系。例如，对于三个行动者 A、B、C 来说，如果 A 和 B 有联系，A 与 C 有联系，但是 B 和 C 之间不存在联系，那么 B 和 C 之间就相当于存在一个洞。这种结构的 A、B、C 之间关系就是一个结构洞。A 是结构洞的中间人。结构洞能够为中间人获取信息利益和控制利益提供机会，进而比网络中其他位置上的成员更具有竞争优势。

由于结构洞之内填充的是弱联结，结构洞可以看作是对联结强弱观点的深化与系统化。另外，结构洞与社会资本有关，如果主体拥有的结构洞越多，具有的社会资本就越多。

三、社会计算

社会大数据推动了社会计算学科的发展，利用社会计算可以架起社会科学和计算科学之间的桥梁，也可以从基础理论、实验手段以及应用等层面进行社会科学与计算科学的交叉性研究。其主要研究内容是应用网络数据来研究群体社会行为及其演化规律，这也标志着计算科学和社会科学的交叉整合正成为新的研究热点。

社会计算主要集中在计算社会科学、社会计算应用和群体智慧方向的研究。计算社会科学研究利用计算技术揭示社会运行的规律与趋势，社会计算应用研究利用计算系统帮助人们沟通与协作，群体智慧方向的研究在机器的辅助下以人类群体协作的方式解决问题。计算社会科学和社会计算应用都是面向社会的科学技术，计算社会科学基于科学层面，社会计算基于技术层面，群体智慧基于社会层面，它是一种全新的基于人脑互联的计算模式。社会计算是人类认识社会本质规律的强大研究工具。社会计算处理的对象，如社交网站与社交媒体等，其背后是一个巨大的社会网络。而社会网络是一个复杂系统。

（一）个体与群体的社会建模

为了构建社会个体或群体的行为、认知和心理模型以及对社会群体的行为特点进行分析，应该对个体与群体的社会建模，对社区结构、交互模式和个体间的社会关系等建模。许多社会科学的理论模型都与个体和群体的社会建模相关。社会心理学揭示了社会认知与心理的形成机制及其发展的基本规律，社会动力学研究人类社会发展的动态过程及其演化规律，社会物理学研究社会稳定的机理以及人类行为模式与社会稳定的关系等。基于计算的社会个体与群体的研究大多是基于文本数据。社会网络是反映个体间的社会交往与互动关系的主要手段，通过网络节点间的链接关系来发现并识别潜在的社会群体。

（二）社会文化建模与分析

社会文化建模与分析主要包括基于社会文化因素建模、基于智能体的人工社会建模、计算实验分析、人工社会系统与计算实验平台设计等。现如今利用计算技术来研究文化冲突和变迁，分析不同文化背景的国家或组织的决策过程，探寻其行为所依赖的社会文化因素，已成为社会计算建模的重要研究方向。由于社会事件的出现往往具有突发性和不可重复性，因此，采用传统方法对其演化过程进行实验分析和评估将是一项十分困难的研究工作。

（三）社会交互及其规律分析

社会交互及其规律分析主要针对人群交互行为的特点及社会事件演化规律进行分析，也包括社会网络结构、信息扩散和影响、复杂网络与网络动态性、群体交互和协作等的分析。计算社会学认为网络上的大量信息，如博客、论坛、聊天、消费记录、电子邮件等，都是现实社会的人或组织行为在网络空间的映射。利用网络数据可分析个人和群体的行为模式，从而深化对生活、组织和社会的理解。计算社会学的研究涉及人们的交互方式、社会群体网络的形态及其演化规律等问题。

（四）社会数据感知与知识发现

社会数据的获取和规律性知识的挖掘的主要内容包括社会学习、社会媒体分析与信息挖掘、情感及观点挖掘、行为识别和预测等。社会数据的主要形式包括文本、图像、音频以及视频等。这些数据除了来自网络媒体信息（包括博客、论坛、新闻网站等）之外，还来自专用网络、传统媒体和应用部门的内部数据等。通过构建社会传感网络，可以有效利用数据源所包含的社会化信息的结构特征。通过对重要节点信息的动态监控，实现对社会数据的全方位和分层次感知。基于社会数据的知识发现包括对社会行为和心理的分析与挖掘。

（五）决策支持及应用

在社会经济与安全等领域应用社会计算，可以向管理者和社会提供决策支持、应急预警、政策评估和建议等。因为网络社会媒体能够充分体现人们的价值取向和真实意愿，所以比传统媒体的反应更灵敏、更准确。

四、社会网络应用

知识获取、知识传递、知识共享与知识创新是重要的知识活动。知识活动发生在社会关系网络中，必然会受到社会网络特性的制约和影响。

（一）知识获取分析

知识获取是知识活动的主体从周边环境中寻找知识来源，以获得所需要的知识或信息的过程。在一个组织内，各行为主体（组织成员）频繁接触而组成的关联网络是知识获取的主要来源。相似度高的个体所了解的事物和社会经历在很大程度上相同，因此在强联结的同质群体内，知识以固有形态存在，导致个体难以获得新的知识。弱联结所联系的是两个社会经济特征不同的个体，它们嵌入在不同的社会网络中，拥有不同的信息源。弱联结可以跨越不同的信息源，起到沟通和连接网络中不同群体（如不同职能部门）的作用。因此，弱联结降低获取知识的难度和成本。弱联结带来的新知识有利于企业迅速掌握新技术，从而提高竞争力。下述两种网络位置有利于企业层面的知识获取。

1. 结构空洞位置

一个网络中最有竞争优势的位置是在结构空洞上。在结构空洞上的企业能有机会接触到两种异质的信息流，获得无冗余信息。同时作为信息流动的必经节点，具有相对控制优势，所以处在结构空洞位置的企业具有信息优势。

2. 网络中的核心位置

如果企业处在网络中的核心位置，那么核心企业掌握大量网络成员生存的必要资源，其他成员就会对核心企业高度依赖，从而使核心企业被看作期望的潜在合作者，能够参与一系列的重要联结，从而在网络中占据战略性位置。核心企业因为拥有较多的联结关系和社会资本，对于网络中的资源流动具有支配权，能够更快地获得各方面的知识和技术支持。

（二）知识类型与传递

不同的社会网络关系，适合传递不同的知识类型。

1. 知识类型

可以将知识划分为显性知识和隐性知识两种类别。

（1）显性知识是可以表达的、有物质载体的和可确知的。事实知识和原理知识基本属于显性知识。

（2）隐性知识是个人或组织经过长期积累而拥有的知识，不易用语言或者文字表达，传播起来非常困难。隐性知识所对应的是技能知识和人力知识。

2. 弱联结有利于简单信息的传递

弱联结有利于简单信息的传递，促进事实知识的分享。IT 技术的发展给人们提供了新的互动环境和交流空间，使现实人际交往逐步向网络世界延伸。因为个人具有更多的弱联结关系，所以弱联结在显性知识传递中的作用更加突出。

3. 强联结有利于隐性知识的传递

当组织间具有较强的社会联结、信任关系，具有相同的价值观和规范时，组织间的知识传递就会更有效率。强联结能够有效促进技能知识和隐性知识的传递和共享。

（1）强联结可以保持人与人之间的密切接触，而空间位置的接近有利于隐性知识的流动。

（2）强联结能够增加社会资本，促进隐性知识的分享和扩散。

4. 知识创新

知识在个体的大脑中产生，然后在脑与脑之间进行传递，从而形成更大量、更综合、更系统的知识。在人与人的社会互动过程中，知识创新时有发生。在社会网络中的成员所拥有的知识资源既有交集，又有补集。网络中容纳了不同的个性、观点、理念，通过知识的搜寻、传递、共享，这些不同的思想和智慧会发生冲突，或达成共识，并在此过程中不断升华和超越，最终产生新知识。

第二节　社会网络分析

一、社会网络分析概念的提出

西方社会网络的思想最早可以追溯到古典社会学家，其中的代表为法国社会学家涂尔干。尽管其没有明确提出社会网络的概念，但他特别重视对社会结构与社会关系的研究。涂尔干在《社会分工论》中明确提出，劳动分工与社会分化导致了社会的团结形式由"机械团结"到"有机团结"的变革，这其实就是人们的社会关系形式的变化。他在书中说道："有了分工，个人才会摆脱孤立的状态从而形成相互间的联系。分工会使人们形成牢固的关系，且这种功能不是暂时的，而是会产生深远的影响。"

"网络"一词最早出现在德国社会学家齐美尔的《群体联系的网络》一书中，齐美尔把社会想象成为互相交织的关系网络，着重研究社会关系的形式。他认为社会是一种过程，社会的本质就是人与人之间的相互交往，而其中交往的形式是其研究的重点，他将人与人的交往比作"网络"，不同的网络同时也会影响个人的发展。他在《群体联系的网络》一书中进一步分析了社会结构网络的改变如何影响其中的个体。

英国人类学家布朗继承了涂尔干的社会结构分析和功能主义观点，他在《社会人类学方法》一书中提出："社会结构是由制度即社会已确立的行为规范或模式所规定或支配的关系，是个体的不断配置组合。"他非常强调社会结构形式的研究，而不单纯是社会结构的研究，并提出了三种研究此"结构形式"的理论分支：社会形态学、社会生理学以及社会结构变迁研究。社会形态学着重于对各种体系结构形式的比较和分类；社会生理学研究的是"社会的这种结构形式怎样维持和生存？其中的内在机制又是什么？"除此之外，还应注重各种社会现象诸如法律、道德、礼仪等构成的机制的变化，这些变化会导致社会结构的变迁。他在20世纪40年代初就使用"社会关系网络"概念来说明社会结构，他认为人与人之间的所有关系网络就是社会结构的组成部分，并根据社会角色的差异来分析个人和阶级性质。而值得注意的是，布朗提出的社会关系网络只是一个思想上的概念，与后来社会网络分析学家提出的分析层面上的概念是有所区别的。

从上述社会网络的概念起源中可以看出，早期社会网络分析领域的理论是从诸如社会学、人类学等学科的研究中延伸出来的，其结构比较松散，只存在较为模糊的想法，并没有相应的体系构架和研究方法。

二、社会计量学与图论

社会计量学与图论是社会网络分析的技术基础，其出现与"格式塔"心理学派密切相关。"格式塔"学派的代表人物包括20世纪30年代从德国逃亡到美国的莫雷诺、勒温等。

社会心理学家莫雷诺由于早期在维也纳接受了医学和心理治疗方面的训练，着重于对人际关系的治疗导向。后来他受齐美尔"形式社会学"的影响，其着重于用定量方法对群体的组织变化及个体在群体中的位置进行研究，并于1937年创办了《社会计量学杂志》，是社会计量学的先驱者。莫雷诺结合上述两方面的成果，认为人际关系与心理治疗之间有关联性，即个人的心理满足感与其社会构型的结构方面相关，这种社会构型简单来说就是人们相互之间的吸引、排斥、喜爱等人际关系，这种观点也体现了网络分析的思想。

除了提出社会计量学的基本概念之外，莫雷诺的另一大贡献就是利用"社群图"将前人所提出的"网络"理论系统化,直接运用到社会构型的关系分析中。这种方法用"点"来表示社会中的个人,用"线"来表示他们之间的社会关系。此外,他提出社群图中的一个重要概念"明星"(Star),即在社会关系网中被关联次数最多,与他人联系最密切的中心人物。

弗里曼对莫雷诺的研究工作进行了总结:"截至 1938 年,莫雷诺的研究工作已经表现出了社会网络分析所具有的全部四个特征。"这四个特征可以简化地表达为:(1)社会网络分析的动因来自对社会行动者关系纽带的结构分析。(2)社会网络分析建立在系统的经验数据资料基础之上。(3)社会网络分析突出地依赖图形表达形式。(4)社会网络分析依赖于数学及计算机模型。由此可见,莫雷诺的研究奠定了社会网络分析方法论的基础。

除了莫雷诺,社会心理学家勒温也受到"格式塔"心理学派认识论的影响。他提出了著名的"场理论"或称为"拓扑心理学"。这种理论认为社会群体生存在数个无形的"场"中,"场"决定着社会群体的行为。他借鉴了物理领域的概念,认为"场"是由群体及其生存的社会环境共同构成的。勒温认为可以利用拓扑学和集合论等数学技术对此进行分析。这种理论的重点在于说明群体与其生活环境的紧密依赖关系以及相互影响因素。

20 世纪中叶,在勒温提出的图论基础上,勒温的学生、心理学家凯特赖特等在密歇根大学与数学家哈拉里一起创立了使用图论来研究社会关系的新方法。与莫雷诺相似,他们在进行图论研究时利用"点"表示个体、"线"表示个体间的关系的理论,并运用一系列数学公理和公式来描述图的性质。

图论的提出最早可以追溯到 18 世纪,其后不断被应用于多个领域。20 世纪中叶图论理论与社会网络分析的结合,使之成为一个非常有用的结构分析工具。图论以图像的形式展现关系,直观清晰,但在其直观的表现形式之下,其语言却是丰富和精确的。除此之外,图论还应用了矩阵代数来计算结构的定量性质,这些都提高了其分析的准确性和应用的广泛性,故至今仍被大多数社会科学家所采用。

三、新时期的社会网络分析研究

20世纪90年代以来，社会网络分析进入了高速发展时期。这种发展首先表现在大量研究成果的出现，这些成果丰富了社会网络分析的理论框架。其次，随着计算机技术的广泛应用，网络分析的模型化得到了深化，推动了社会网络分析方法技术的进步。最后，可以清楚地看到，近年来对社会网络分析的兴趣和广泛程度不断扩展，社会网络分析不再局限于小群体的研究，而是深入社会生活的多个方面，极大地促进了社会网络分析的应用发展。

（一）社会网络理论的进一步发展

20世纪90年代以来，西方学者通过许多实证研究和演绎推理，不断丰富社会网络分析的理论内容，拓展了结构分析观。其中，有代表性的成果包括罗纳德·伯特的"结构洞理论"、林南等人的社会资本理论、斯坦利·米尔格拉姆等人的六度分隔理论。

1. 伯特的"结构洞理论"

罗纳德·伯特于1992年出版了其代表作《结构洞：竞争的社会结构》。伯特注重研究竞争者的社会网络结构及其对竞争结果的影响，他在此书中谈道："竞争者通过一个人跟另一个人的关联，组成了竞争场域的基本结构，洞就存在于这些社会结构中。社会结构中的这些洞或称结构洞，是竞争场域中的竞争者之间的关系间断或非对等。"简单来说，结构洞就是群体间的弱关系。在企业竞争中，若某个个体存在于横跨结构洞的位置，它必然拥有竞争优势。

伯特的结构洞理论说明了关系优势或称为社会资本优势在竞争中的重要地位，占有结构洞数量多的个体会有更多优势，更容易在竞争中获得收益。伯特的研究着眼于社会关系中的非均衡关系，对后来关系强度等的研究产生了深远的影响。

2. 林南的社会资本理论

华裔社会学家林南的代表性著作有《社会资本：一种关于行动和结构的理论》（2001）、《社会资本：理论与研究》（2001）等。他通过运用一种较为独特的视角，研究社会行动和结构在社会资本的分配和转移过程中所起到的作用。他假设社会结构是一种等级结构，根据社会个体的财富、地位和权力等标准来分配资源如地位越高，成员越少，能够分配的资源越多。他将社会行动分为表意性行动和工具性行动。表意性行动是指社会地位处于同等级的个体之间的互动，即同质性互动；工具性行动是指社会地位处于不同等级或者社会资源处于不同水平的个体之间的互动，即异质性互动。其中异质性互动会导致社会资源在不同等级间的流动，这也是传统的社会网络分析所忽略的研究部分。所以，林南将异质性互动作为其研究的重点。

根据林南的理论，社会资本是嵌入社会网络中的有价值的资源，构成了个体行动与社会结构形成和制约之间的基础性联系。不同等级个体获取的初始资源是不同的，并且由于自己等级的限制，能够获取资源的难易程度也不同。但是社会关系网为个体跨越等级提供了可能，即个体可以通过社会关系网来获取社会资本。由于个体差异以及他们社会关系网的强弱，他们最终获取的社会资源也有所不同。林南列举了具体影响这一结果的因素：

（1）其本人在等级制结构中的位置；（2）其本人与其他行动者之间关系的性质；（3）网络中关系的定位。基于这三点因素，林南又提出了相应的六个理论命题来具体分析上述因素对社会资源流动的影响。

林南的研究着眼于个体层面的社会资本分析，而不是群体层面的社会结构分析，这样的分析更适合运用网络分析法。此理论也有助于将宏观层面和微观层面的分析结合起来。

3.六度分隔理论

六度分隔理论出自约翰·格雷的一部电影的名称，电影中有一句经典的台词："在这个世界，任意两个人之间，只隔着6个人。六度分隔在这星球上的任何两个人之间。"事实上关于这个概念的研究可以追溯到20世纪60年代，斯坦利·米尔格拉姆和他的同事们进行了相关实验。在实验中，研究者要求296名志愿者分别传递一封信给"目标人物"：一位住在波士顿近郊的股票经纪人。被实验者能够得到目标人物的一些包括姓名、地址和职业等信息，并被要求不能直接寄信给目标，而是要将信交给他认为有可能达到目标的熟人，并要求信要尽可能快地交给目标。如此设计实验，每封信均通过朋友链的形式顺序传递，以此形成一条趋近于目标人物的朋友链。在对 64 个成功将信送到的被实验者的朋友链长度进行分析后，得到其中间长度为 6，这是六度分隔理论的最早萌芽。

当然，实验中也有很多不足，导致结论可能不足以令人信服。例如：实验者的人数太少、目标人物设定得过于简单等。但这个实验向我们提供了一个新的研究角度，米尔格拉姆在其论文中将此结论进行了扩展，提出若把每个人看成一个小型社交圈的中心，那么"6 小步的距离"就会变为"6 个社交圈的距离"，此时这个理论就会有更大的适用性和研究价值。

米尔格拉姆的实验说明了大型社会网络的两个重要事实：（1）它包含数量惊人的短路径；（2）没有借助于任何类型的全球网络"地图"，人们能够有效地找到这些短路径。第一点较好理解，第二点理论有一个前提条件，即真实世界的全球朋友网络包含着人们对彼此联系的充足信息，因而能够在搜索的过程中逐渐逼近目标，而不会迷失方向。具体来说，就是人们在联系目标过程中主要会结合地理关系和职业关系，而具体利用哪些关系取决于联系者和目标人物的关系特征。

以这个著名实验为基础，研究者陆续做出了许多相关研究，总结出了小世界现象：个体可以通过很短的朋友路径联系到几乎世界上的任何人，世界也因此看上去变小了。网络中这种短路径的存在，对于信息、疾病或其他具有传染性质的东西的传播速度有实质性作用，同时也能带给人们更多快速接触各种机遇的可能性。小世界现象对于社会网络的结构分析和分散搜索等领域的研究都有重要的推动作用。

（二）社会网络分析技术的进步

除了理论的发展和深化之外，网络分析技术的改进与完善也是很重要的部分。20 世纪 70 年代以前，对社会网络的分析方法刚处于起步阶段，社会计量学与图论是主流的分析方法。20 世纪 70 年代至 90 年代，随着数学模型和统计技术的发展，社会网络分析方法不断发展，逐步形成了一个体系。20 世纪 90 年代至今，随着计算机技术和专门软件的成熟，社会网络分析的工具越来越多样化。

邓肯·瓦茨结合"小世界现象"研究得出了社会网络分析的四个发展线索：（1）对具有不同程度局部结构的网络路径进行统计分析。（2）根据局部特征（如聚类）和非局部特征（如弱关系）对网络的结构做定性描述。（3）通过把网络看作是高聚类的元网络或等价子网络，对网络重新标准化。（4）网络嵌入空间分析其中的同等者容易得到解释，而成员之间的关系也更容易被形象化。

反映上述发展线索的概论性著作包括约翰·斯科特的《社会网络分析手册》（1991/2000）、斯坦利·沃瑟曼和凯瑟琳·福斯特的《社会网络分析：方法与应用》（1994）等，这些著作系统介绍了社会网络分析的发展、理论和方法论。除此之外，专题性著作包括斯坦利·沃瑟曼和约瑟夫·加拉斯基维克兹合编的《社会网络分析的进展：在社会和行为科学中的研究》（1994）、罗纳德·布雷格等编的《动态性社会网络模型与分析》（2003）、P. 多雷安、V. 巴塔格尔吉和A. 费里格吉等编写的《一般化块模型》（2005）等，这些著作主要针对某一具体领域，做出了专题性的研究探讨。

除了上述形式化语言和技术的发展之外，随着数学表达工具特别是代数模型和统计技术的不断完善，社会网络的分析模型也得到了飞速的发展，如马尔科夫随机图、逻辑回归等。

有关这方面的进展，可以从布雷格等人编写的《动态性社会网络模型与分析》一书中得到印证。此书是基于2002年在华盛顿召开的一次社会网络分析工作坊的论文集，在布雷格的开场演讲"社会网络分析中所形成的主题：结果、挑战、机会"中，他总结了社会网络分析近期所形成的六个受人关注的主题：（1）对结点、弧线和整个网络的测量已经发展到探讨不同关系的程度。（2）对角色连锁的分析已开始探讨多重网络对某一群行动者的相互贯穿影响。（3）等价性概念在个人层次的涉及纽带关系和关联的资料跟整体网络宏观结构之间建立了连接。（4）二重性指的是基于共同的群体成员关系的人际网络，可能会转变成基于共有一定数目成员的群体之间的网络。（5）对社会影响的研究把社会关系网络跟行动者的态度和行为联系起来了。（6）使网络形象化的模型和方法继社群图后已有了极大改进。

（三）互联网环境下的社会网络分析

传统的社会网络分析基于现实生活环境。随着互联网的出现，虚拟社区的流行，社会网络分析有了新的舞台和背景。那么，在互联网环境下，社会网络分析有何新发展？学者们依据此平台又做了哪些研究？

李英珍等学者研究了虚拟网络中对产品的评分如何影响后续消费者的评分状况，研究者们收集了 2007 年所有美国放映的电影的票房、口碑、广告投入等电影本身数据，以及所有用户在电影在线评分网站上对相关电影的评分状况，并记录用户相互之间的社交情况，根据上述因素建立模型并进行了回归分析，得出了一些结论：（1）对于之前的评论，后续的评论者有趋于同化和多元化两种倾向，具体的倾向选择决定于电影的认知广泛度，如对于一些广为人知的电影，后续评论者倾向于做出与之前评论相似的评分；对于一些较为小众的电影，后续评论者会呈现出评分多元化的格局，他们希望做出一些不同于前人的评论来凸显自己的独特性。（2）若用户有朋友已经对一部电影做过了评论，则此用户很可能做出与朋友相似的评分，并且此用户在虚拟社区拥有的朋友数越多，他（她）越可能给出正面评价。此研究结合了线下的电影产业和线上社会网络，分析了在线社会关系对用户选择的影响，是互联网背景下社会网络分析的新进展。

拉维巴普纳等人研究了"羊群效应"在在线社交网络中的情况，他们获取了一个在线音乐网站中所有用户以及他们好友的信息，设计了实验组和对照组。利用相关性分析、回归分析等方法，得出了以下结论：（1）在一个在线社交网络中，若某用户的朋友消费了某种产品或服务，"羊群效应"会促使此用户进行消费。（2）若一个用户的朋友数越少，他（她）就越会被朋友的行为所影响，即"羊群效应"越明显。此研究证明了在线社会网络与线下网络有其相似作用——都会对关系人的行为产生影响。

国内学者也基于新兴的虚拟社交网络对社会网络分析进行了探索。陈华珊（2015）利用大数据，采用案例分析，从社会网络分析的视角对互联网技术的使用是否会增进公民的社区参与进行了研究，支持者认为互联网技术使得信息获取难度降低，并且会促进人们在线讨论，使得个体增加参与社区事务和政治过程的机会；否定者认为新技术手段的出现使人们更多地将时间花在消遣上，从而会减少人们参与政治事务的时间。陈华珊使用某城市的业主社区论坛数据作为研究数据，构建了一个二维矩阵进行网络关系度量，采用多重性的社会网络分析视角。研究发现，虚拟社区尽管从沟通的技术手段上打破了传统社区的物理边界，但是在一般情况下，社区讨论网仍对应着现实社区的物理边界。在不同的子社区内部，讨论网具有明显的子群体聚合特征，并随着话题的专题化程度加深，子群体聚合的特征会变得更强烈。与此相反的是，对于讨论社区公共事务的议题，尽管讨论往往集中在社区内部或距离相近的社区中进行，但公共事务讨论网仍展现出某些跨越社区物理边界的特征。此研究利用日常观测得到的日志数据系统完整地测度了整个讨论网络。除此之外，研究还结合了在线网络背景和社会网络分析方法，给传统的社会网络分析带来了新发展。

第三节　社会网络中的隐私保护

社会网络已经延伸到虚拟网络环境中，通过基于网络的互动服务，如聊天、实时消息、文件分享、博客、讨论组等方式，用户可以相互交流和分享信息。互联网所具有的跨越时空的特点促使虚拟的社会网络迅猛发展，对人们的生活和工作产生了深刻的影响。社会网络已成为一种新型的协同工作方式，完善和改进了传统的沟通和交互机制。在社会网络中，存放了大量用户隐私数据，一旦被恶意攻击者窃取和使用，将为人们的生活、学习和工作带来不良后果，甚至造成财产和声誉损失。随着社会网络的普及和发展，社会网络聚集了众多用户，有效保护用户隐私将对社会安定和发展具有深远影响。

一、用户隐私类型

隐私权是指自然人享有的私人生活安宁与私人信息秘密依法受到保护，不被他人非法侵扰、知悉、收集、利用和公开的基本权利。网络隐私权是隐私权在网络空间中的体现，是人们在网络上享有对个人数据、私人信息、个人领域有知情权、选择权、合理的访问控制权，以及保证其安全性和请求司法救助的权利。社会网络中的用户隐私表述如下。

（一）身份信息

身份信息（属性信息）是指唯一标识现实生活中特定个体的数据，如用户的姓名、年龄、性别、身份号码、民族和职业等，通常列为保密信息。

（二）私人数据

私人数据是指用户在社会网络中发布的有关个人行为或价值取向等方面的信息，一般为受限访问的信息。信息拥有者可以通过网站提供的权限管理方法和工具，限定访问群体的操作。

（三）用户间关系

用户间关系指在社会网络中用户之间的关系，如是否存在联系、紧密程度如何等。这种关系可能存在于同一个社交服务网站，也可能在多个不同类型的社交服务网站中。社会网络一般是由节点和边两大部分构成的。其中，节点表示社会网络中的行为主体，即用户或组织。边表示节点之间的联系，它是基于用户之间的某些特定关系而建立的，如共同兴趣爱好、贸易活动等。

恶意攻击者企图利用用户的个人信息谋取利益，网络技术和信息通信技术的发展在某种程度上为侵害网络隐私权的行为提供了便利手段。在社会网络活动中，用户通常需要提供部分个人信息，并认为泄露有限的信息是无关紧要的，但是攻击者通过采用信息检索或数据挖掘等技术，找出信息间的联系，从而获得用户的大量完整隐私信息。攻击者也能在未经用户允许的情况下私自传播、滥用和篡改用户信息，从而损害用户的利益。

二、身份隐私攻击与保护

在社会网络中，用户使用身份信息进行注册，并采用匿名化技术保护这些信息，即隐藏发布数据中能够标识用户的相关信息。去匿名化攻击是指恶意攻击者利用已经掌握的背景知识，如网络拓扑结构、节点之间的联系等，结合用户的公开信息进行去匿名化推理，以获取用户身份信息。

为了识别出潜在的去匿名化攻击，需提出一种分析和评估匿名化程度的度量方法，如采用信息熵度量的方法，从而客观地比较不同匿名化系统或策略的效率，为制定出更加可靠和高效的匿名化策略提供依据。将个人隐私分类，分别量化隐私信息泄露造成的风险，并制定出不同的解决方案。

三、用户关系的攻击及保护

面向用户关系的攻击是恶意攻击者利用所掌握的背景知识，借助关系挖掘技术、对社会网络用户潜在的关联信息进行挖掘，从而获得用户之间的关系。针对这种攻击，典型的防范方法是随机化修改法，将原有社会网络图，随机删除 K 个真实的边，然后添加 K 个虚假的边，保证了原有图中节点的总数不变，从而保障节点间的敏感连接。

四、万维网用户隐私保护

万维网联盟制定了隐私偏好规范，将其作为万维网站点定义相关隐私策略的方法，为万维网浏览器自动读取和处理策略以及解决隐私保护问题提供了标准。隐私偏好规范由词汇表和数据元素构成，定义了描述数据处理方式的标准词汇以及用于描述所收集信息种类的基本数据模式。与现实中人们对隐私偏好的细节描述不同，隐私偏好规范描述的隐私策略由一系列多项选择组成，这种标准格式适用于系统自动处理。该规范还包含了用于请求和传输隐私偏好规范策略的协议。万维网用户可以通过隐私偏好规范技术从服务器获取隐私策略，并自动完成隐私策略匹配工作。隐私偏好规范技术为用户提供了描述个人隐私保护策略的方法以及实施细粒度的访问控制机制，从而增强用户对个人隐私信息的控制权。

第四节　在线社会网络分析

一、在线社会网络的产生与发展

（一）社会化媒体

随着互联网技术的飞速发展，人们将早期社会性网络的概念引入互联网，创立了面向社会性网络服务的在线社交网络。在线社交网络包含了硬件、软件、服务及应用四个方面，是一种在信息网络上由社会个体集合及个体之间的连接关系构成的社会性结构。这种社会结构主要包含关系结构、网络群体与网络信息三个要素。其中，社交网络的关系结构是社会个体成员之间通过社会关系结成的网络系统。个体也称为节点，可以是组织、个人、网络 ID 等不同含义的实体或虚拟个体。而个体间的相互关系可以是朋友、动作行为、收发消息等多种关系。基于这些关系，社交网络中的个体组成不同的虚拟社区，虚拟社区是社交网络的一个子集，具有虚拟社区内节点之间关联密切、不同虚拟社区的节点间关联稀疏等特点。在上述关系的基础上，社交网络中个体与个体之间、个体与群体之间、群体与群体之间传递着多种信息，这种信息传递的不断迭代便是社交网络中的信息传播。受网络结构和信息传递的影响，个体就某个事件在虚拟空间聚合或集中，相互影响、作用、依赖，有目的性地以类似方式进行行动，便形成了社交网络的群体行为。

可以认为，在线社交网络的发展其实是源于人们网络社交的需要。1838 年，萨缪尔·莫尔斯发明了莫尔斯电码，电报成为长距离沟通的途径，使得人类社交网络的在线实时远距离交往成为可能。1876 年，贝尔发明了可以用于电信网络的线路交换方式，第一台电话正式产生。1969 年世界上第一个分组交换网络 ARPANET 正式运营。1971 年，美国高等研究计划局研究员发出第一封电子邮件。1990 年，欧洲核子研究中心研究员开发出万维网（WWW）新协议，标志着现代互联网的正式诞生。1994 年，雅虎地球村是第一个互联网在线社区，网站中的用户可以聊天及讨论。1999 年，腾讯 QQ 上线。2002 年，Friendster（朋友圈）网站上线，成为第一个真正意义上的在线社交网络。2004 年，Facebook 上线。2006 年，微博客网站 Twitter 上线。其后，国内的新浪微博等相继上线，标志着社交网络的进一步发展与成熟。

（二）Web 技术

随着数字技术的发展，Web3.0 这个词变得广为人知，Netflix 创始人里德·哈斯廷斯阐述了 Web 的发展历程：Webl.0 是拨号上网，50K 平均带宽；Web2.0 是 1M 平均带宽；而 Web3.0 就是 10M 带宽，全视频的网络。但事实上，Web3.0 发展的并不仅仅是带宽，随着技术的革新，互联网传播不断产生新的模式，用户参与互联网的方式也在发生改变，这在社会化媒体的发展上体现得格外明显。从最初简单地将企业信息搬上网络进行商业用途、综合信息搜索，到现在的博客平台自我展示、互动发展，网络平台的发展变得更加多元化。

Web1.0 是万维网发展的第一代模式，一开始是为大型企业、商业公司服务，将企业的信息展现在网上，达到宣传的目的。Web1.0 是静态的、单向的网络。大型商业公司通过网络把他们的产品发布到网上，人们可以通过网络浏览信息，如果客户有中意的商品，便可以和公司取得联系，此时网络用途相当有限，只是进行简单的信息检索。Web1.0 的主要协议是 HTTP、HTML 和 URI，只解决了人对信息搜索、聚合的需求，没有解决人与人之间沟通、互动和参与的需求。

Web2.0 是相对于 Web1.0 提出的一个新概念。Web1.0 主要依赖于 HTML 语言，最大的缺陷是交互性差，用户每提交一次数据，都要停下来等待互联网的响应，严重影响了用户体验。这一缺陷在 Web2.0 出现后得到了很好的解决。

Web2.0 指的是一个由用户主导而生成内容的互联网产品模式，这个时期的典型代表有：博客中国、亿友交友、联络家等。最大的改变是 Web2.0 不再是单向的，而是逐渐发展为双向交流，这是社交网络兴起的体现，为此后以社交为主要模式的互联网发展方向奠定了技术基础，这也是本书讨论的重点之一。

社交网络是 Web2.0 时代的典型应用，也是 Web2.0 时代社会性、主动性特征的典型代表。Web2.0 时代的互联网正在进行着巨大的改变：从一系列网站到一个成熟的为最终用户提供网络应用的服务平台。这些平台中的内容依赖于用户的参与活动，借由人与人的分享，形成了现在的 Web2.0 世界。Facebook 和

Twitter 等社交网站就是 Web2.0 时代用户主动参与形成的典型。Facebook 上线不足 8 年，已拥有超过 14 亿用户，Twitter 用户数也已超过 5 亿。除此之外，截至 2013 年 3 月，新浪微博用户数已超过 5.56 亿。

伴随着 Web2.0 应用的日益成熟，Web3.0 也开始崭露头角。"互联网之父"蒂姆·伯纳斯·李指出，当互联网发展成一整张涵盖着大量数据的语义网时，人们可以访问这难以置信的数据资源，即为 Web3.0。Web3.0 在之前的基础上加入了大数据这一强大的驱动力，基于分析网民的个性化数据，为用户提供个性化的用户体验和配置。它将互联网转化为一系列三维空间（如人、时间、信息）。Web3.0 实现了网络高度虚拟化，给予网民更大的自由空间，更能体现出网民的自我需求。

二、在线社会网络数据的获取

（一）网络爬虫

网络爬虫（又称为网页蜘蛛、网络机器人等），是一种按照一定规则自动地抓取万维网信息的程序或者脚本。随着网络的不断发展，信息呈爆炸式增长，用户需求的个性化也不断增加，如何从海量信息中提取出用户所需，已经越来越成为学者关注的问题。搜索引擎是大部分网络用户查找信息所使用的工具，例如传统的通用搜索引擎包括 Altavista、Yahoo 和谷歌等。其中网络爬虫作为一个自动提取网页的程序，为搜索引擎从万维网上下载网页，是搜索引擎的重要组成部分。

但是上述通用性搜索引擎有着自身的局限性，例如无法根据用户的领域和背景提供高质量的搜索结果；无法处理日益丰富的数据种类，如图片、视频、数据库和音频等信息含量密集且有一定结构的数据；通用搜索引擎大多提供基于关键字的检索，难以支持根据语义信息提出的查询等。而主题网络爬虫的出现解决了这个问题。

普通的网络爬虫通常在给定的一个或多个统一资源定位符 URL 种子集情况下，从种子网页开始采集，在抓取网页的过程中，不断将新的 URL 放进待爬行的 URL 队列中,直到满足一定条件(如待爬行队列为空、达到指定爬行数量等),停止爬行。主题爬虫是按照预先定义的爬行主题,在给定初始 URL 种子集后,根据一定的分析算法,对爬行网页进行主题相关分析,过滤与主题不相关网页,在不断抓取相关网页的过程中,将与主题相关的链接放进待爬行队列中,重复这个过程,直到达到一定目标为止。

从上述定义中可以看出两者的不同,普通的网络爬虫的初始 URL 种子集可以是任何门户网站,而主题爬虫的初始 URL 种子集是与事先定义的主题高度相关的页面,这一原则保证了主题爬虫所收集的网页是与用户需求十分吻合的,并且避免了无关页面的下载。由于相关技术和方法正在不断发展和完善中,下面结合一些学者的研究,介绍一些主题爬虫采用的主要方法。

1. 传统的启发式方法

传统的启发式方法主要包括:基于文字内容的启发式方法和基于 Web 链接超链图的评价方法。基于文字内容的启发式方法是指利用网页中的锚文本(一种链接形式)、文本内容和 URI、字符串信息等作为分析对象的一种爬虫方法。其代表方法包括:鱼群搜索策略、鲨鱼搜索策略和最佳优先策略等。

鱼群搜索策略将每一个网络看作一条鱼,将搜索的相关信息看作鱼食,当在网页中发现相关信息时,这些鱼就继续繁殖,即沿着链接网页继续寻找相关信息;当网页中无相关信息时,则鱼死亡,即停止进一步寻找。相关信息与搜索关键字的匹配程度可以用二元分类法(0 代表不相关,1 代表相关)来计算。

鲨鱼搜索策略在鱼群搜索策略的基础上有所改进,加入了相似度度量,取值为 [0,1],利用已下载页面的锚文本、页面内容等作为参数来计算待下载页面与搜索主体的相关性,以此来判断是否将待下载页面放入爬行队列中。

最佳优先策略是对鲨鱼搜索策略的进一步优化,通过计算向量空间的相关性,将相关性程度高的页面优先下载。但是此方法忽略了一些当前相关性不高而链接页面中具有很大相关性的页面,有一定的局限性,比较适合定位局部范围内的最优解。

除了基于文字内容的启发式方法外,基于 Web 链接超链图的评价方法也是传统的爬虫方法之一。

页面等级的概念最初是指一篇学术论文被人引用的次数越多，其权威性越高，它在爬虫领域的思想是每个页面的链接越多，意味着被其他网站投票的次数就越多。

在页面等级概念的基础上，克莱恩伯格于 1997 年最早提出 HITS 算法，通过两个评价权值 Authority（内容权威度）和 HUb（链接权威度）来评估网页质量。HITS 算法分别考虑网页的内容和链接权威度，再将其整合以综合评价网页价值，计算量较大，并且比较侧重网页的权威性，忽视了网页与搜索信息的契合程度，所以后人对此进行了一些改进，如在传递页面等级值的同时增加主题相关度的计算等。

2. 基于概念语义的分析方法

传统的启发式方法大多是基于关键字进行主题描述和相关度计算的，很多时候会出现一词多义或一译多词的情况，此时就应该结合具体的语境和语义进行分析，避免增加噪声页面或者遗漏的情况。基于概念语义的分析方法包括以本体和叙词表为基础的两类方法。

本体是指共享概念模型的形式化规范说明，其目标是捕获相关领域的知识，确定领域词汇，并从不同层次的形式化模式上给出这些词汇相互关系的明确定义。下面介绍一些相关的以本体为基础的概念语义分析方法。

LSC rawler 方法是利用本体来判别 URL 字符串与主题的相关性。用户在搜索引擎输入关键字后，其返回的链接将送到 LSC rawler 下载链接页面并提取相关信息，再与本体中的概念进行匹配从而判断页面的相关性，并对链接进行排序。

面向网络资源的本体自动构建方法是通过对网络上各领域 Web 语料文档库进行挖掘来实现本体学习，并构建基于本体的主题爬虫。这种方法可以方便读者了解与文档相关的文章与信息，实现主动推荐与关联功能。

叙词表（或称主题词表、检索词典）是一种将文献作者、检索者等使用的自然语言转化成规范的叙词型检索语言的术语控制工具，是叙词法的具体体现。

李亢等人将叙词表与传统的信息检索技术相结合，提出使用叙词表的族来描述爬虫的主题，并用该方法设计了主题爬虫。其框架包括：主题域的构造和通过主题域对网页的主题过滤和链接分析控制，实现页面主题资源的自动生成。学者通过实验证明，相对于谷歌和百度引擎，其设计的主题爬虫爬取网页的质量明显提高，但采集数量有限，需进一步改良。

谢智尼基于叙词表构建了一种概念树来描述主题概念的分析算法框架。在分析 URL 的相关度时，首先判断其锚文本的相关度是否达到一个阈值，若达到阈值，则将锚文本的相关度作为 URL 的相关度，若达不到阈值，则下载 URL 对应的页面并进行分析。这样可以充分利用锚文本信息，减少不必要的计算过程。

总体来说，基于概念语义的分析方法可以很好地描述主题，提高爬虫结果的精确度。但在实际的分析中，基于本体的方法的计算过程往往比较复杂，难以实现，而基于叙词表的方法很难在语义和知识层面上描述信息，因此适用性还需要进一步改善。

（二）新浪微博

微博于 2009 年正式上线，是一个由新浪网推出的提供微型博客服务类的社交网站。用户可以通过网页、WAP 页面、手机客户端、手机短信、彩信等发布消息，并可以上传图片和视频，实现实时分享。新浪微博的主要功能包括：（1）发布信息；（2）转发内容并评论；（3）关注功能；（4）发起话题功能（在两个 # 号之间插入一段话题）；（5）私信功能。

微博平台上包含着海量数据，包括博主信息、微博信息、关注关系等，我们可以通过获取并分析这些数据，探索社会化媒体信息传播的机制与特点。新浪微博的用户可以使用开放平台向外开发的一组 API 来获取指定格式的数据。API 是获取数据的接口，具体的可供使用的接口包括微博接口、用户接口、话题接口、好友分组接口、地理位置接口等。可将这些接口划分为以下三类：

（1）基本信息资料接口，例如用户接口、用户标签接口等。

（2）用户关系信息接口，例如关系接口、好友分组接口等。

（3）微博行为信息接口，例如微博接口、评论接口等。

微博数据获取的基本方式是通过 API 接口返回数据，以 XML 或者 JSON 的格式返回博主信息。微博平台规定：当程序调用上述三类接口时，要向服务器进行授权认证。

开放授权能够保证用户在信息安全的前提下，让第三方访问该用户在微博中存储的各种私密信息，如照片、联系人列表等，而无须将用户名和密码提供给第三方应用。要通过授权认证，需要经过的步骤如下：

（1）向微博平台提出开发者服务申请，在通过了实名身份认证后，向 OAinh 服务商提交创建应用请求，并将应用信息中的相应编号 App Key 和应用口令 APP Secret 写入认证程序配置文件。

（2）利用微博 SDK 提供的认证程序，向服务区提交 API 使用申请，填写用户名和密码获取第三方软件应用许可。

（3）申请成功后用户将服务器返回的认证码 Access-code 提交给认证服务器，服务器通过验证后会向其颁发通过微博授权的 API 调用令牌 Access-Token 和相应的密钥。

（4）用户在 24 小时内可以利用此令牌调用相应的 API 接口。在授权认证完毕后，用户就可以从 API 链接中读取数据库中的数据。

在获得授权后可以调用 API 接口获取数据，通过 SAX 将 XML 文件进行解析，以博主 ID 作为主键放入 Hash 表中，如果 Hash 表中已存在该 ID 号，则停止解析，否则继续解析每一条微博的博主账号、微博内容、评论数、转发数等信息，并将数据存放在数据库中，等待进一步的分析。最后判断是否继续调用 API 接口，若调用完毕，则程序结束。

新浪微博平台的数据获取步骤简单明了，较为严格的开放授权系统能够保证用户信息被安全、高效地调用。上述两个例子是较为典型的社会化媒体数据获取案例，在实际的操作分析中，要考虑多种现实情况，运用数据深入分析网络用户的行为，提取用户的社交关系网络并挖掘其中潜在的可利用的信息。

三、相关软件

（一）社会网络分析软件

随着社会网络技术的不断成熟和计算机水平的飞速发展，社会网络分析软件种类不断增加，功能也更加完善。下面介绍几种常用的软件。

1.UCINET 软件

UCINET 是最知名和最经常使用的处理社会网络数据和其他相似数据的综合性分析程序。它提供了大量的数据管理和转化工具，原始数据格式为矩阵格式，具体测量分析功能包括派系分析、中心性分析、凝聚子群分析、个人角色分析和基于置换的统计分析等。除此之外，软件还包含许多基于过程的分析功能，如聚类分析、多维标度、角色和地位分析（结构、角色和正则对等性）等。此外，UCINET 还提供从简单统计到拟合 Pl 模型在内的多种统计程序。但值得注意的是，UCINET 软件内不包含网络可视化的图形程序，需要将处理结果通过接口输出至 NetDraw、Pajek、Mage 等软件进行作图。

2.NetDraw 软件

NetDraw 是由 Steve Borgatti 开发的开源工具软件，主要对网络进行可视化处理。NetDraw 可以通过接口与 UCINET 集成使用，也可以单独使用。它可以处理多种格式的文件，如 UCINET 的系统文件、DL 和 Pajek 的文本文件等，同时也可以将网络的图形以多种格式输出，如 EMF、TIF、JPG 等。

3.Pajek 软件

Pajek 是一个为处理大数据集而特别设计的网络分析和可视化程序。它可以分析多于 100 万个节点的超大型网络，并支持大型网络分解成几个较小网络的集合，以便使用更有效的方法进一步处理。Pajek 提供了纵向网络分析的工具。数据文件中可以包含指示行动者在某一观察时刻的网络位置的时间标志，因而可以生成一系列交叉网络，可以对这些网络进行分析并考查网络的演化。不过这些分析是非统计性的，如果要对网络演化进行统计分析，还需要使用STOC'NET 软件的 SIENA 模块。软件提供多种基于过程的分析方法，例如探测结构平衡和聚集性、分层分解和团块模型等，但基本的统计程序较为薄弱。除了普通网络（有向、无向、混合网络）外，Pajck 可以同时处理多个网络，还支持多关系网络、二模网络以及暂时性网络等。

4.NetMiner 软件

NetMiner 是一个结合社会网络分析和可视化探索技术的软件工具。NetMiner 采用的网络数据类型包括：邻接矩阵、连续变量和行动者属性数据。使用者可以通过可视化和交互的方式分析数据，得出网络结构和潜在模式。NetMincr 具有高级的图形特性，并提供丰富的网络描述方法和基于过程的分析方法，同时也支持例如描述性统计、相关和回归在内的标准统计过程。

5.MultiNet 软件

MultiNet 是一个适用于分析大型和稀疏网络数据的软件工具。由于 MultiNet 是为大型网络的分析而专门设计的，其数据输入使用节点和联系列表，而非邻接矩阵。MultiNet 可以以图形化方式展现分析程序产生的几乎所有输出结果，并且可以进行各种中心性分析和成分分析，以及这些统计量的频数分布。通过 MultiNet，可以使用几种特征空间的方法来分析网络的结构。MultiNet 包含四种统计技术：交叉表和卡方检验、ANOVA、相关和 p* 指数随机图模型。

社会网络分析的模型和专业软件的不断完善，使得网络分析的技术性和专业性进一步增强，因此也获得了更多人的关注。研究者利用社会网络分析的新技术，将其应用不断扩展，得到了更多的研究成果。

（二）网络爬虫软件

前文中已经检验探讨了网络爬虫的基本概念和爬行方法，现针对爬虫爬取网页的具体步骤和网页搜索策略，介绍几种有代表性的网络爬虫软件。

1.爬取网页的基本步骤

在搜索引擎成为主流检索工具的今天，互联网上的网络爬虫各式各样，但爬虫软件爬取网页的基本步骤大致相同，具体内容包括：

（1）人工给定一个 URL 作为入口，从这里开始爬取。万维网的可视图呈蝴蝶型，网络爬虫一般从蝴蝶型左边结构出发，这里有一些门户网站的主页，而门户网站中包含大量有价值的链接。

（2）用运行队列和完成队列来保存不同状态的链接。对于大型数据量而言，内存中的队列是不够的，通常采用数据库模拟队列。用这种方法既可以进行海量的数据抓取，还可以拥有断点续抓功能。

（3）线程从运行队列读取队首 URL，如果存在，则继续执行，反之则停止爬取。

（4）每处理完一个 URL，将其放入完成队列，防止重复访问。

（5）每次抓取网页之后分析其中的 URL（URL 是字符串形式，功能类似指针），将经过过滤的合法链接写入运行队列，等待提取。

（6）重复步骤（3）（4）（5）。

2. 网络搜索策略

现有的网络爬虫软件的网络搜索策略包括：深度优先策略、广度优先策略和最佳优先策略。

（1）深度优先策略

深度优先，即从起始网页开始，选择一个 URL 进入，分析这个网页中的 URL，选择一个再进入。如此一个链接一个链接地深入追踪下去，处理完一条路线之后再处理下一条路线。该类爬虫设计较为简单。然而深度优先型的网络爬虫存在一个问题：门户网站提供的链接往往最具价值，页面等级也很高，而每深入一层，网页价值和页面等级都会相应地有所下降。这暗示了重要网页通常距离种子较近，而过度深入抓取到的网页价值却很低。广度优先策略能较好地解决这个问题。

（2）广度优先策略

广度优先（又称宽度优先），即从起始网页开始，抓取其中所有链接的网页，然后从中选择一个，继续抓取该网页中的所有链接页面。除了可以解决上述深度优先的问题之外，采用这种策略还有利于多个爬虫并行爬取。这种多爬虫合作抓取通常是先抓取站内链接，遇到站外链接就爬出去，抓取的封闭性很强。广度优先策略的优点在于其设计和实现相对简单。这种策略的基本思想是：

与种子在一定距离内的网页重要度较高，符合实际。

在聚焦爬虫的应用中，广度优先策略可以与网页过滤技术结合，即先用广度优先抓取一些网页，再将其中与主题无关的过滤掉。但这种方法的缺点是随着抓取网页的增多，算法的效率会变低。

（3）最佳优先策略

最佳优先，即按照某种网页分析算法预测候选 URL 与目标网页的相似度或主题的相关性，并选取其中评价最好的一个或几个 URL 进行进一步爬取。这种策略的缺陷是可能会有很多相关网页被忽略，但相对地，这种策略可以将无关网页数量降低 30%~90%。

3. 几种有代表性的网络爬虫软件

（1）Heritrix

Heritrix 是一个爬虫框架，可以加入一些可互换的组件。Heritrix 是用来求取完整精确的网站内容的爬虫。除文本内容之外，它还获取其他非文本内容（如图片等）并对其进行处理，且不对网页内容进行修改。当重复爬行相同 URL 时，不会对先前网页进行替换。Heritrix 利用广度优先策略来进行网页获取，其主要部件都具有高效性和可扩展性。然而 Heritrix 也有其一定的局限性，如只支持单线程爬虫，多爬虫之间不能合作；操作复杂，对有限的资源来说是一个问题；在硬件系统失败时，其恢复能力较差。

（2）Nutch

Nutch 深度遍历网站资源，将这些资源抓取到本地，使用的方法都是分析网站每一个有效的 URL，并向服务器端提交请求来获得相应结果，进而生成本地文件及相应的日志信息等。Nutch 与 Heritrix 有几点差异，即如下内容：

① Nutch 只获取并保存可索引的内容。

② Netch 可以修剪内容，或者对内容格式进行转换。

③ Nutch 保存内容为数据库优化格式，便于以后索引，且对重复 URL 刷新替换旧的内容。

④ Nutch 从命令行运行与控制。

⑤Nutch 的定制能力不够强（不过目前已经有了一定改进）。

（3）Larbin

Larbin 不同于以上两种网络爬虫，它只抓取网页，而不提供包括分析网页、将结果存储到数据库以及建立索引等服务。Larbin 的目的是对页面上的 URL 进行扩展性的抓取，为搜索引擎提供广泛的数据来源。虽然工作能力较为单一，但 Larbin 胜在其高度可配置性和良好的工作效率（一个简单的 Larbin 爬虫可以每天获取 500 万的网页），这也是 Larbin 最初的设计理念。

除了上述几种爬虫软件之外，其他主流的爬虫软件还包括：Python、Lucene 和 JSpider 等。在信息爆炸的今天，搜索引擎成为人们提取网络信息必不可少的工具，而其中网络爬虫技术至关重要。但近年来，随着良莠不齐的各类爬虫频繁出没，一些网站也承受着由爬虫带来的困扰。另外，各种针对搜索引擎的作弊也逐渐浮出水面，这些都是今后有待解决的问题。

第四章　大数据的存储

第一节　大数据存储概述

一、大数据存储的背景

大数据时代，数据呈爆炸式增长。从存储服务的发展趋势来看，一方面，对数据的存储量的需求越来越大；另一方面，对数据的有效管理提出了更高的要求。大数据对存储设备的容量、读写性能、可靠性、扩展性等都提出了更高的要求，需要充分考虑功能集成度、数据安全性、数据稳定性、系统可扩展性、性能及成本各方面的因素。

大数据的存储不仅要求规模之大，更要求其传输及处理的响应速度快。相对于以往较小规模的数据处理，在数据中心处理大规模数据时，需要服务集群有很高的吞吐量才能让巨量的数据在应用开发人员"可接受"的时间内完成任务。这不仅是对各种应用层面的计算性能的要求，更是对大数据存储管理系统的读写吞吐量的要求。

二、大数据存储面临的问题

随着互联网的不断扩张和云计算技术的进一步推广，海量的数据在个人、企业、研究机构等源源不断地产生。这些数据为日常生活提供了便利：信息网站可以推送用户定制的新闻，购物网站可以预先提供用户想买的物品，并随时随地分享。但是，如何有效、快速、可靠地存取日益增长的海量数据成了关键的问题。

传统的存储解决方案能提供数据的可靠性和绝对的安全性，但是面对海量的数据及其各种不同的需求，传统的解决方案日益面临越来越多的困难。比如数据量的指数级增长对不断扩容的存储空间提出要求、实时分析海量的数据对存储计算能力提出要求。

（一）要求更快响应速度

例如：个人用户在网站选购自己感兴趣的货物，网站则根据用户的购买或者浏览网页行为实时进行相关广告的推荐，这需要应用的实时反馈；电子商务网站的数据分析师根据购物者在当季搜索较为热门的关键词，为商家提供推荐的货物关键字，面对每日上亿的访问记录要求机器学习算法在几天内给出较为准确的推荐，否则就失去了其时效性；出租车行驶在城市的道路上，通过 GPS 反馈的信息及监控设备实时路况信息，大数据处理系统需要不断地给出较为便捷的路径选择。这些都要求大数据的应用层以最快的速度、最高的带宽从存储介质中获得相关海量的数据。

另外，海量数据存储管理系统与传统的数据库管理系统，或者基于磁带的备份系统之间也在发生数据交换。虽然这种交换实时性不高，可以离线完成，但是，由于数据规模的庞大，较低的数据传输带宽也会降低数据传输的效率，从而造成数据迁移瓶颈。因此，大数据的存储与处理的速度或带宽是其性能上的重要指标。

（二）来源和类型更加多样化

所谓多样化，一是指数据结构化程度多样化，二是指存储格式多样化，三是指存储介质多元化。

对于传统的数据库，其存储的数据都是结构化数据，格式规整。而大数据来源于日志、历史数据、用户行为记录等，少部分是结构化数据，更多的是半结构化或者非结构化数据，这也正是传统数据库存储技术无法适应大数据存储的重要原因之一。

所谓存储格式，也正是由于其数据来源不同、应用算法繁多、数据结构化程度不同，其格式才多种多样。例如，有的是以文本文件格式存储，有的则是以网页文件存储，有的是以一些被序列化后的比特流文件存储等。

所谓存储介质多样性，是指硬件的兼容，大数据应用需要满足不同的响应速度需求，因此其数据管理提倡分层管理机制。例如：较为实时或者流数据的响应可以直接从内存或者 Flash（SSD）中存取；离线的批处理，可以建立在带有多块磁盘的存储服务器上；有的可以存放在传统的 SAN 或者 NAS 网络存储设备上，而备份数据甚至可以存放在磁带机上。因此，大数据的存储或者处理系统，必须对多种数据及软硬件平台有较好的兼容性，以适应各种应用算法或者数据提取转换与加载（ETL）。

三、大数据存储的常见数据类型

大数据存储的数据有：观测数据，即现场获取的实测数据，它们包括野外实地勘测、量算数据，台站的观测记录数据，遥测数据等；分析测定数据，即利用物理和化学方法分析测定的数据；图形数据，各种地形图和专题地图等；统计调查数据，各种类型的统计报表、社会调查数据等；遥感数据，由地面、航空或航天遥感获得的数据等。因此，常见的数据类型可以分为三大类：文本类型、数据库类型、数据集群类型。

（一）文本类型

Excel 是微软办公套装软件的一个重要的组成部分，它可以进行各种数据的处理、统计分析和辅助决策操作，广泛地应用于管理、统计财经、金融等众多领域。Excel 中大量的公式函数可以应用选择，使用 Microsoft Excel 可以执行计算，分析信息并管理电子表格或网页中的数据信息列表与数据资料图表制作，可以实现许多方便的功能，给使用者带来方便。Excel 函数一共有 11 类，分别是数据库函数、日期与时间函数、工程函数、财务函数、信息函数、逻辑函数、查询和引用函数、数学和三角函数、统计函数、文本函数以及用户自定义函数。

TXT 是微软在操作系统上附带的一种文本格式，是最常见的一种文件格式，早在磁盘操作系统时代应用就很多，主要存储文本信息，即文字信息，现在的操作系统大多使用记事本等程序保存，大多数软件可以查看，如记事本、浏览器等。

CSV 文件由任意数目的记录组成，记录间以某种换行符分隔，每条记录由字段组成，字段间的分隔符是其他字符或字符串，最常见的是逗号或制表符。通常，所有记录都有完全相同的字段序列。CSV 是一种通用的、相对简单的文件格式，被用户、商业和科学广泛应用。最广泛的应用是在程序之间转移表格数据，而这些程序本身是在不兼容的格式上进行操作的。

（二）数据库类型

MySQL 是一个关系型数据库管理系统，由瑞典 MySQL AB 公司开发，目前属于 Oracle 旗下公司。MySQL 是最流行的关系型数据库管理系统，在 Web 应用方面 MySQL 是最好的关系数据库管理系统应用软件之一。MySQL 是一种关联数据库管理系统，关联数据库将数据保存在不同的表中，而不是将所有数据放在一个大仓库内，这样就增加了速度并提高了灵活性。MySQL 所使用的 SQL 语言是用于访问数据库的最常用的标准化语言。

SQL Server 是 Microsoh 公司推出的关系型数据库管理系统，是一个全面的数据库平台，使用集成的商业智能（BI）工具提供了企业级的数据管理。Microsolt SQL Server 数据库引擎为关系型数据和结构化数据提供了更安全可靠的存储功能，使用户可以构建和管理用于业务的高可用性和高性能的数据应用程序。

Oracle Database，又名 Oracle RDBMS，或简称 Oracle，是甲骨文公司的一款关系数据库管理系统。它是在数据库领域一直处于领先地位的产品。可以说 Oracle 数据库系统是目前世界上流行的关系数据库管理系统，系统可移植性好、使用方便、功能强，适用于各类大、中、小、微机环境。它是一种高效率的、可靠性好的适应高吞吐量的数据库解决方案。

PostgreSQL，是以加州大学伯克利分校计算机系开发的 POSTGRES，现在已经更名为以 PostgreSQL 版本 4.2 为基础的对象关系型数据库管理系统（ORDBMS）。PostgreSQL 支持大部分 SQL 标准并且提供了许多其他现代特性：

复杂查询、外触、触发器、视图、事务完整性、MVCC。同样，PostgreSQL 可以用许多方法扩展。比如，通过增加新的数据类型、函数、操作符、聚集函数、索引。

（三）数据集群类型

Hive 是基于 Hadoop 的一个数据仓库工具，可以将结构化的数据文件映射为一张数据库表，并提供简单的 SQL 查询功能，可以将 SQL 语句转换为 Map Reduce 任务进行运行。

Spark 是 UC Berkeley AMPLab 所开源的类 Hadoop Map Reduce 的通用并行框架，Spark 拥有 Hadoop Map Reduce 所具有的优点，但不同于 Map Reduce 的是 Job 中间输出结果可以保存在内存中，从而不再需要读写 HDFS。因此，Spark 能更好地适用于大数据挖掘与机器学习等需要迭代的 Map Reduce 的算法。Spark 是一种与 Hadoop 相似的开源集群计算环境，但是两者之间还存在一些不同之处，这些有用的不同之处使 Spark 在某些工作负载方面表现得更加优越。换句话说，Spark 启用了内存分布数据集，除了能够提供交互式查询外，它还可以优化迭代工作负载。

四、大数据存储的主流架构

随着大数据的繁荣发展，分布式存储架构在近几年中得到了前所未有的关注。当前市场上比较主流的三种分布式存储文件系统分别有 AFS、GFS、Lustre。它们的共同点是：全局名字空间、缓存一致性、安全性、可用性和可扩展性。

（一）AFS

由卡内基梅隆大学最初设计开发的 AFS，目前已经相当成熟，用于研究部分大型网络中。AFS 是 Andrew File System 的简称，它的主要组件包括 Cells、AFS clients、基本存储单元 Volumes、AFS servers 和 Volume replication。

拥有良好可扩展性的 AFS，能够为客户端带来性能的提升和可用性的提高。AFS 将文件系统的可扩展性放在了设计和实践的首要位置，因此 AFS 拥有很好的扩展性，能够轻松支持数百个节点甚至数千个节点的分布式环境，而且并不要求在每台服务器上运行所有服务器进程。AFS 的缺点在于管理员界面友好性不足，需要更多的专业知识来支持。

（二）GFS

被称为谷歌文件系统的 GFS，是用以实现非结构化数据的主要技术和文件系统。它的性能、可扩展性、可靠性和可用性都受到了肯定，主要在大量运行 Linux 系统的普通机器上运行，能大大降低它的硬件成本。

文件的大小，一直是文件系统要考虑的问题。对于任何一种文件系统，成千上万的几 KB 的系统很容易压死内存。所以，对于大型的文件，管理要高效；对于小型的文件，也需要支持，但是并不需要进行优化。在 GFS 中，chunkserver（数据块服务器）的大小被固定为 64MB，这样的块规模比一般的文件系统的块规模要大得多，可以减少元数据 metadata 的开销，减少 Master 的交互。但是，太大的块规模也会产生内部碎片，或者同一个 chunk 中存在多个小文件可能会产生访问热点。

GFS 主要部件包括一个 Master 和 n 个 chunkserver，chunkscrvcr 同时可以被多个客户访问。不同于传统的文件系统，GFS 不再将组件错误当成异常，而是将其看作一种常见的情况予以处理。同样地，GFS 也有缺点。经过一系列冗余备份、快速恢复等技术，很难保证它能够正常和高效运行。

（三）Lustre

名称来源于 Linux 和 Clusters 的 Lustre，也被称为平行分布式文件系统，它是 HP、Intel、Cluster、Eile、System 公司联合美国能源部开发的 Linux 集群并行文件系统。Lustre 的主要组件包括元数据服务器、对象存储服务器和客户端。作为一个遵循 GPL 许可协议的开源软件 Linux 常应用于大型计算机集群和超级电脑中。

Linux 文件系统针对大文件读写进行了优化，能够提供高性能的能力。另外，它在对源数据独立存储、服务和网络失效的快速恢复、基于意图的分布式锁管理和系统可快速配置方面，表现也十分优异。

五、大数据存储方案对比

大数据存储方案随着大数据计算的发展已经历时将近 10 年，有的已经被广泛应用，有的则是被不断地完善中。以下列举若干比较著名的大数据存储方案及其优缺点。

（一）HDFS

大数据计算最为代表性的就是谷歌在 2004 年提出的 Map Reduce 框架和相应的 GFS 存储系统。2008 年雅虎的工程师根据 Map Reduce 的框架推出了开源的 Hadoop 项目，作为一个大数据处理典型开源实现，如今 Hadoop 项目已经被广泛应用于各大互联网企业的数据中心，并且正努力从一个开源项目走向商业化应用产品。而 HDFS 就是支持 Hadoop 计算框架的分布式大数据存储系统，它具有大数据存储系统几项重要特性，具有很高的容错性、可扩展性和高并发性，并且基于廉价存储服务器设备，是目前最为流行的大数据存储系统。但是它还有许多方面需要进一步完善，例如目前 HDFS 自身不能与 POSIX 文件系统兼容，用户需要通过其自定义的接口对数据进行读写管理，增加了各种数据存储之间交换的开发成本；又如目前 HDFS 为了达到高容错性，在数据中心中推荐及实际操作的副本数目设置为 3，也就意味着用户的任意一份数据都会被复制 3 份保存在存储系统中，这样造成存储系统保存的数据量远大于实际用户需要的存储量，相比传统的 RAID 存储空间效率要低很多。

（二）Tachyon

来自美国加州大学伯克利分校的 AMPLab 的 Tachyon 是一个高容错的分布式文件系统，允许文件以内存的速度在集群框架中进行可靠的共享，其吞吐量要比 HDFS 高 300 多倍。Tachyon 都是在内存中处理缓存文件，并且让不同的作业任务或查询语句以及分布式计算框架都能以内存的速度来访问缓存文件。由于 Tachyon 是建立在内存基础上的分布式大数据文件系统，其高吞吐量也是 HDFS 不能媲美的。当然截至目前 Tachyon 也只是 0.2alpha 发行版，其稳定性和鲁棒性还有待检验。

（三）其他

Quantcast File Systc（QFS）是一个高性能、容错、分布式的开源大数据文件系统，其开发是为 HDFS 提供另一种选择，但是其读写性能可以高于HDFS，并能比 HDFS 节省 50% 存储空间。Ceph 是基于 POSIX 的没有单点故障的 PR 级分布式文件系统，从而使得数据能容错和无缝地复制，Ceph 的客户端已经合并到 Linux 内核 2.6.34 中；GlusterFS 是一个可以横向扩展的支持 PB级的数据量开源存储方案。GlusterFS 通过 TCP/IP 或者 InfiniBand RDMA 方式将分布到不同服务器上的存储资源汇集成一个大的网络并行文件系统，使用单一全局命名空间管理数据。GlusterFS 存储服务支持 NFS、ClFS、HTTP、FTP以及 Gluster 自身协议，完全与 POSIX 标准兼容。现有应用程序不需要做任何修改或使用专用 API 就可以对 GlusterFS 中的数据进行访问。

第二节　大数据的存储技术

随着大数据应用的飞速发展，现已出现了独特的架构，而且直接推动了存储、网络以及计算技术的发展。由于大数据处理的需求是一个新的挑战，硬件的发展最终还是需要软件需求推动，大数据分析应用需求正在影响和促进数据存储基础设施的发展。随着结构化数据和非结构化数据量的持续增长，以及被分析数据的来源多样化，现有的存储系统已经无法满足大数据存储的需要。基于存储基础设施研究的考虑，现已开始修改基于块和文件的存储系统的架构设计，以便适应这些新的要求。

一、数据容量问题

大数据容量为 PB 级的数据规模，因此，海量数据存储系统需要具有一定相应等级的扩展能力。与此同时，存储系统的扩展一定要简便，可以通过增加模块或增加磁盘柜的方式来增加容量，甚至不需要停机。基于这样的需求，客户现在越来越多地选择规模可扩展架构的存储。规模可扩展集群结构的特点是，每个节点除了具有一定的存储容量之外，内部还具备数据处理能力以及互联设备。与传统存储系统的架构完全不同，规模可扩展架构能够实现无缝平滑的扩展，避免存储孤岛的出现。

在文件系统中，文件是文件系统的存储单位，大数据除了数据容量巨大之外，文件数量也十分庞大。因此管理文件系统层累积的元数据是一个困难问题，如果处理不当，将影响到系统的扩展能力和性能，例如传统的 NAS 存储系统就存在这一问题。但是，基于对象的存储架构就不存在这个问题，它可以在一个系统中管理十亿级别的文件数量，而且不会像传统存储一样遇到元数据管理的困扰。基于对象的存储系统还具有广域性扩展能力，可以在多个不同的地点部署并组成一个跨区域的大型存储基础架构。

大数据的存储是分布式的存储，并呈现出与计算融合的趋势。由于 TB、PB 级数据量的急剧膨胀，传统的数据移动方式已经不适用，导致新的融合趋势的存储服务器的出现。在这样的架构中，数据不再移动，写入以后分散存储，它的计算节点融合在数据旁边的 CPU 中，数据越来越贴近计算节点，形成了以数据为中心的架构。

二、大图数据

近年来，数十亿顶点规模的大图数据大量出现，不断地对数据管理技术提出了新的要求。万维网目前已经包含了超过 500 亿个网页以及数量达万亿级别的统一资源定位符，社交网络 Facebook 存储的好友网络包含超过 8 亿个节点和 1000 亿条边。语义网领域的链接数据规模正迅速呈指数方式增长，目前已包含了 310 亿个资源描述框架三元组以及超过 5 亿个 RDF 链接。在生物信息学领域，全基因组序列数据分析的关键环节之一是序列拼接。当前的面向短序列拼接的主流方法是基于德布鲁因图的拼接方法。而人类基因组上的德布鲁因图在最坏情况下具有 420 个节点。

图存储技术主要研究图数据在磁盘上存储以及分布式环境下的存储布局形式、划分方法、复制方法等一系列方法。图存储技术是图数据管理的基石。图的存储方式直接决定了图数据的访问方式、图查询方式与挖掘的效率。

（一）大图存储的基本框架

大图存储的基本框架是分布式存储框架，其原因如下：

1. 大图数据规模大

十亿顶点规模的大图的每个顶点或者边上存储的附加信息，其规模在 TB 级别，甚至达到 PB 级。

2. 利用了基于分布式内存的计算框架

为了实现对整个图进行随机访问而不是顺序访问，图计算必须基于内存展开。由于当前内存规模在 GB（10^9 字节）级别，通过分布式存储就可以直接装入内存，从而降低每台机器上的图的规模，避免频繁进行磁盘交互。

（二）图划分技术

大图的分布式存储的核心技术是图划分技术。为了将图部署到分布式系统中，需要将图分为若干部分，而后将每一部分分别存入某一机器。具体而言，图划分是一类问题的集合，这类问题需要将顶点集合划分为若干单元，这些单元的并集构成总体的顶点集，任意两个单元相交为空。在考虑通过顶点复制减少通信的策略中，需要减少单元不相交的约束。通常考虑下述几种因素。

图计算是通过边对顶点进行访问与遍历，跨越机器的边数决定图系统的网络通信开销。通常将两个端点存储在不同机器上的边称作交叉边。对于非本地数据的访问而导致的网络通信代价非常高。访问本地内存数据的时间通常以纳秒计算，向网络通信时间则通常以毫秒计算，两者时间相差巨大。所以图划分的方式直接决定了交叉边的数量，从而决定了基于该划分方式的图计算所需的通信代价。通常，我们期望交叉边数量最小化，进而降低通信代价。图划分主要考虑负载均衡与存储冗余问题。

1. 负载均衡

避免网络通信代价的极端方法是将完整的图信息仅存储于一台机器上。显然，这一方式很可能超出单台机器的存储上限，同时这一方法也没有并行计算能力。我们期望图划分的各个部分具有相近的规模，从而避免负载失衡的情况。负载均衡是相对于机器存储容量和计算能力而言的。在复杂的实际应用中，可以构建复杂的度量模型用以刻画兼顾机器存储容量和计算能力的负载均衡模型。

2. 存储冗余

避免网络通信代价升高的另一极端方法是将图的信息在每台机器上复制一份。但这种方法也容易超出单台机器的存储能力，同时导致大量冗余。对于多台机器的分布式系统，这种方法导致 k-1 份存储冗余。为了降低冗余，可以选择特定顶点及其邻接信息进行复制。通常选择度数较大的顶点进行复制，从而在降低通信代价的同时，避免较大冗余。此外，复制顶点个数和位置的选择等都对最终结果有着直接影响。另外，多个副本之间的一致性也是重要的问题，通常需要额外的计算代价保持多份副本与主体的完全一致性。

（三）大图数据的查询

如果用图表示社交网络，用户可以看作图的顶点，用户之间的关系（如朋友关系等）可以看作图的边。与社交网络相类似，Web 网络中的网页可以看作图的顶点，网页之间的链接关系可以看作图的边，图在社交网络中有着重要的应用。

计算机查询方式经历了文件系统查询、数据库系统查询、Web 网络查询、社会网络查询的发展历程。

1. 文件系统

从 20 世纪 60 年代开始，计算机开始装配了具有现代意义的操作系统，而文件系统是操作系统提供的一种存储和组织计算机文件的方法。它提供简单的查询功能，用户可以搜索文件。

2. 数据库系统

20 世纪 60 年代中期，数据库系统开始应用。20 世纪 70 年代，关系数据模型成为数据库管理系统的主流系统。70 年代后期出现的结构化查询语言 SQL，极大地提高了数据查询的灵活性。用户可以通过 SQL 语言来进行各种复杂的查询。

3.Web 网络

从 20 世纪 90 年代开始，随着万维网的兴起，Web 搜索引擎被广泛应用。它们通过提供关键词搜索的功能，使得几乎所有的用户都可以方便地搜索万维网数据。

4. 社会网络

随着 Web2.0 的出现和社会计算的兴起，社交网络系统开始大量应用，如 Facebook、Linkedln、人人网等。图查询技术是适合社会计算的搜索方式。社会计算一般需要考虑社会的结构、组织和活动等因素。所有的社会活动构成了社会网络，本质上这是图的一种表现形式，所以图搜索技术的研究成为关键技术。

三、分布式存储的架构

大数据带来的变化是从集中走向分布，从以计算为中心转向以数据为中心。分布式存储的架构是大数据存储架构的发展方向。

（一）融合架构

融合架构方法是面对大数据存储的一个很好的选择。通过融合架构可以实现计算与存储相融合，进而获得更高的管理效率和更高效能。

从虚拟化、云计算数据保护和融合架构三个维度设计数据中心，可以减少整合的时间和网络问题判断的时间，并能够实现统一集中透明管理，可以根据工作负载实时动态配置资源，也可以实时监控，进行故障诊断、排除故障。

融合架构具有不同的形态，其中一种形态是在原来硬件基础上装配一个软件，然后形成融合架构。实现目的是在线扩展、动态负载平衡，在最大限度提高部署效率的前提下，避免因为硬件问题而导致的应用性能降低和应用不稳定问题的产生。

（二）服务级别

利用移动硬盘就可以存储数据，但是不同于放在数据中心和网络云上的存储享受的服务级别。为了不使数据成为整个企业发展的负担，而是成为价值增长点，从资料变成资产，基础架构需要快速、安全地支持新的技术手段，应用级别和服务级别的定义需要有很好的存储架构。集群存储系统是面向实际的应用设计，能够满足应用分级、资源分层的需求。

（三）PCIe 网存卡

非结构化的大量数据快速变成信息，不仅要求服务器工作速度快，存储速度也需要与 CPU 的速度相匹配，闪存正是针对当前网络存储速度落后的解决方案，能够有效提高存储的性能。在云计算、大数据时代，集中式存储管理和维护非常困难，分布式存储模型是大势所趋。在这其中，PCIe 闪存卡、全闪存阵列以及 SDK 工具，支持提升各种应用的性能。

SSD 不只是让数据变快，而且通过 SSD 在数据中心的使用，能够辅助节约成本，降低延迟，加快访问数据的速度，同时还能够提高可靠性和管理级别，结合 DRM 的使用进行软件分层管理。

大数据分析流程和传统的数据仓库的方式完全不同，其已经变成了业务部门级别和数据中心级别的关键应用。这也是存储管理员的切入点。随着基础平台变得业务关键化，用户群更加紧密地依赖这一平台。这也使得其成为企业安全性、数据保护和数据管理策略的关键研究课题。

用于数据分析平台的分布式计算平台内的存储不是面对的网络附加存储（NAS）和存储区域网络（SAN），而是内置的直连存储（NAS）以及组成集群的分布式计算节点。这就使得管理大数据变得更为复杂，因为无法像以前那样对这些数据部署安全、保护和保存流程。然而，执行这些流程策略的必要性集成于管理分布式计算集群之中，并且改变了计算和存储层交互的方式。

四、数据存储管理

数据无处不在，如手机通话记录、商店的 RFID 标签、物流公司的快递产生的数据、银行的交易数据、出租车的运行轨迹等。生活中如此众多的数据记录，凸显现实世界的数据变化。IDC 的统计表明，到 2020 年，全球以电子形式存储的数量将达到 35ZB（1ZB=100 万 PB），是 2009 年存储量的 40 倍。其中企业数据以 55% 的速度在逐年增长。

（一）传统的数据存储管理不能满足发展要求

企业的决策者往往根据自己的直觉和经验来规划企业未来的发展战略，而不是依托于具体的数据。利用数据可以获得有价值的线索，使决策者看到数据分析的重要性。然而从大数据中抽取数据样本、挖掘数据、形成报表的过程看似简单，但是实际困难较大，涉及企业 IT 系统的各方面，如企业的数据中心、数据存储、数据管理等多个环节。因此，传统的数据存储管理已经不能满足大数据的发展要求。

（二）大数据存储管理面临的挑战

电信、金融、零售等行业希望通过大数据的分析手段来帮助他们做出理性的决策。特别是电信和金融行业表现更为突出，市场数据没有办法与用户消费数据打通。面临的第一个问题就是海量数据存储的问题。大多数企业正在建设自己的数据中心，来满足大规模的数据量的产生，但是随着数据的进一步增多，很多数据的查询和分析性能急剧下降，有的数据中心甚至出现了无法响应的状况，为企业的业务带来了很大损失。

应该考虑数据管理策略对数据进行有效的保护问题，而且在需要时，可使数据随时转变成价值。只有数据与适合的存储系统相匹配，制定出管理数据的战略，才能低成本、高可靠性、高效益地应对大量数据。对于企业来说，面临大数据首先要解决的就是成本和时间的效应问题。为了不错过商机，存储数据管理可以自动删除磁盘和重复数据、备份和归档，使企业的关键数据存在不同的区域，然后按照特定的业务需求，对数据进行提取、操作和分析，并形成企业所需要的目标数据。

（三）大数据数据管理的意义

计算机从文字、图像、视频等数据中解析出共性之处，再从互联网浩瀚的数据中收获知识，洞察信息。而数据分析建立在数据管理基础之上，然后通过交易平台就可以看到整体交易额的下滑趋势，进而预测到下一年的金融危机的爆发。领军企业与其他企业之间最大的显著差别在于新数据类型的引入。那些没有引入新的分析技术和新的数据类型的企业，不太可能成为其行业的领军者。

企业的发展战略与大数据的管理密切相关。信息是企业的财富，如果企业对大数据的管理适当，利用好大数据，并服务于企业发展战略，一定能做出明智的决策。现阶段的难点在于，企业分析的数据仅仅是企业标准化结构数据中的很小一部分，企业未来的数据管理之路还很漫长。

（四）大数据的数据管理技术

在大数据管理技术中有六种数据管理技术普遍被关注，即分布式存储与计算、内存数据库技术、列式数据库技术、云数据库、NoSQL 技术、移动数据库技术。其中分布式存储与计算最受关注。

分布式存储与计算成为最受关注的数据管理新技术，比例达到 29.86%。其次是内存数据库技术，占到 23.30%。云数据库排名第三，比例为 16.29%。此外，列式数据库技术、NoSQL 也获得较多关注。从调查结果来看，以 Hadoop 为代表的分布式存储与计算已成为大数据的关键技术。以 SAP HANA 为代表的内存数据库技术和以 SQLAZUre 为代表的云数据库技术，也将成为占据重要地位的数据管理创新平台。

分布式存储与计算架构可以使大量数据以一种可靠、高效、可伸缩的方式来进行处理。因为以并行的方式工作，所以数据处理速度相对较快，且成本较低，Hadoop 和 NoSQL 都属于分布式存储技术。

内存数据库技术可以作为单独的数据库使用，还能为应用程序提供即时的响应和高吞吐量，SAP HANA 是该技术的典型代表。

列式数据库的特点是可以更好地应对海量关系数据中列的查询，占用更少的存储空间，这也是构建数据仓库的理想架构之一。

云数据库可以不受任何部署环境的局限，随意地进行拓展，进而为客户提供适宜其需求的虚拟容量，并可以实现自助式资源调配和自助式使用计量。SQLServer 可以提供类似的服务。

NoSQL 数据库适用于庞大的数据量、极端的查询量和模式进行演化。企业可以通过 NoSQL 得到高可扩展性、高可用性、低成本、可预见的弹性和架构灵活性的优势。甲骨文在 2011 年推出 OracleNoSQL 数据库。

移动数据库技术是适应移动计算的产物。随着智能移动终端的普及，对移动数据进行实时处理和管理要求的不断提高，移动数据库具有平台的移动性、频繁的断接性、网络条件的多样性、网络通信的非对称性、系统的高伸缩性和低可靠性以及电源能力的有限性等，受到业界重视。

（五）大数据的有效管理

由于数据已经处于核心位置，许多业务已经开始以数据为中心，重新审视业务系统，希望以此获取大数据带来的价值。但大数据并不是将数据送入仓库就可以了，而是需要更加精细化的手段管理，才能做到数据的有效运营。具体措施如下：

（1）考虑大数据的安全；

（2）重新考虑数据解释、分析和预测的能力；

（3）建立以数据为导向的数据驱动业务的工作模式；

（4）解决流程与数据的矛盾，将流程与数据分离；

（5）业务构建以应用为中心转向以数据为中心。

面对不同的数据库和分析环境，企业横向和纵向的扩展能力非常重要。具有简便易行的横向扩展功能是 Hadoop 迅速应用的原因。其关键在于利用低成本的服务器集群进行大规模并行处理，比其他的数据管理方式需要更少的专业技能，从而降低对人员的要求，能够更经济地实现平滑扩展。

第三节 基于新型存储的大数据管理

闪存、PCM 等新型存储的物理特性、读写特性等均与磁盘有着显著的不同，而目前已有的大数据数据库，其设计理念均是基于磁盘存储，在面对闪存、PCM 等新型存储时并不能最大限度地发挥新型存储的性能。目前，在基于新型存储的大数据管理方面也有一些研究工作，包括大数据存储、大数据索引、大数据查询和大数据分析等。

一、存储管理

大数据存储通常采用分布式异构的存储策略，但传统的分布式存储策略通常采用基于副本的方式。在引入了多样化的新型存储介质后，还需要设计新的数据分配算法，使数据分布在合适的新型存储介质上，从而提升数据的访问性能。

异构存储系统的特点在于采用了所谓的日志缓存技术将主数据放置在性能最好的存储系统上，而将副本以及数据更新日志放置在成本较低的存储上，这样既降低了成本，又保证了性能。

持久化策略是指将数据写入持久存储介质的策略，NoSQL 数据库系统中引入闪存之后，由于闪存具有的异地更新特性，往往需要设计新的持久化策略。为了有效减少闪存异地更新和垃圾回收对持久化性能的影响，可采用"隐形 Trim"机制优化持久化策略，即通过将闪存存储层作为"黑盒"，使用基于性能、块大小等参数的演化推理机制找到最理想的工作负载模式，最终实现系统在闪存上的读写性能优化。例如，RcthinkDB 是一个针对 SSD 优化的分布式 NoSQL 数据库系统。

基于新型存储的大数据存储管理与传统的数据库系统有着较大的差别，最主要的一点在于大数据环境下数据存储通常是分布式、分层的，而传统数据库系统中的数据以集中存储为主。因此，面向新型存储的大数据存储管理面临着存储介质异构性、数据分片、存储分配等问题。虽然 NoSQL 在 Web 领域得到了广泛应用，但能否作为大数据管理的统一平台还有待进一步研究。

针对 PCM 存储策略的优化和混合存储：在 DRAM/PCM 混合主存的硬件驱动的页面置换策略。该策略依赖一个内存控制器来监控内存页面的使用频率和写密集程度。MC 在 DRAM 和 PCM 之间进行页面迁移，保证性能攸关的页面和频繁写的页面保存在 DRAM 中，而性能不太敏感以及很少写的页面存储在 PCM 中。将 DRAM 设计为 CPU 和 PCM 之间的缓冲区。所有的数据页都存储在 PCM 中，只有当 DRAM 发生页面置换或者需要访问新的页面时系统才存取 PCM。

二、索引管理

大数据管理中的索引设计主要考虑高扩展性、高性能能否有效支持非主键查询和多维查询等不同类型的查询，主要的索引结构有二级索引、双层索引、按照空间目标排序的索引等。

二级索引由局部索引和全局索引构成，局部索引只负责该节点上的数据索引，全局索引则依据局部索引构建。双层索引主要适用于非键值列的快速查询，索引表由原数据表中的键值和索引列的组合构成。

目前，二级索引中的局部索引均基于磁盘特性进行设计。闪存等新型存储的特性和磁盘具有明显差异，将基于磁盘的索引实现方法直接移植到新型存储上会严重影响索引性能。以闪存为例，传统的索引更新维护往往会导致频繁的小数据量更新，这些更新操作会带来大量的闪存擦除操作，极大地降低了索引的性能和闪存寿命。

目前，在基于新型存储的索引方面，主要的研究集中在面向闪存的索引上。闪存数据库索引设计的目标在于不仅要在闪存介质上实现索引的高查询性能，还要根据闪存的物理特性减少索引来更新维护带来的性能代价（如频繁擦除等）。目前提出的闪存索引结构大都采用了传统的树形结构，并以减少对闪存的随机写为主要目的，采用的方法往往是延迟更新或者合并更新等。

目前，虽然在基于闪存的索引设计方面已经有了不少的工作，但由于在大数据存储中引入了 PCM 等其他类型的新型存储介质，而且在计算架构上也产生了根本性变化（闪存定位在二级存储，而 PCM 则可以用于直接的内存扩展），大数据索引技术还需要在存储结构感知能力方面进行新的研究，对于适合分层混合存储的超大规模数据索引结构也需要进行重新设计。

三、查询处理

目前，针对大数据的查询处理和优化主要集中在基于 Map Reduce 框架的查询处理研究上，查询执行的研究主要集中在基于 Map Reduce 的连接算法。

连接操作会产生大量的中间结果，需要写到外部存储，这对于闪存、PCM等来说代价非常昂贵，传统的基于Map Reduce的连接算法无法发挥闪存、相变存储器的最佳性能，需要避免在新型存储上的大量写操作对查询执行效率的影响。在大规模分布式数据库中，查询优化工作主要集中在Map Reduce执行计划选择以及负载均衡等方面。Map Reduce执行计划选择的基本思想则是在多个可选Map Reduce执行计划中选择代价最小的，研究主要集中于Map Reduce作业调度和Map Reduce任务调度。Map Reduce任务调度算法通常需要考虑任务负载特征、硬件异构性等指标，其中硬件异构性包含：CPU性能、网络带宽、内存、存储系统性能等特征。随着闪存、PCM等新型存储介质在大数据存储系统中的应用，存储系统异构性将日益凸显，将给Map Reduce任务调度带来新的挑战。

在查询处理的动态负载均衡方面，目前主要考虑了存储用量推荐、数据的读写频率等因素。在面向新型存储的查询处理算法方面，目前对基于闪存的连接算法的研究较多，其出发点是为了避免在闪存上执行大量随机写操作，同时尽量发挥闪存的随机读性能。

四、事务处理

众所周知，关系数据库中事务的正确执行必须满足"ACID"特性，即原子性、一致性、隔离性和持久性。对数据强一致性的严格要求使其在很多大数据场景中无法应用。这些情况下出现了新的"BASE"特性，即只要求满足Basically Available（基本可用）、Softstate（柔性状态）和Eventually Consistent（最终一致）。从分布式领域著名的"CAP"理论角度来看，ACID追求一致性"C"，而BASE更加关注可用性"A"。正是由于在事务处理过程中对于ACID特性的严格要求，使得关系型数据库的可扩展性极其有限。

大数据处理与存储整合的新型架构同样为事务处理与优化带来新的机遇。除了可以采用PCM来提高日志操作速度、采用硬件事务内存加速事务处理等方法外，还可以考虑利用存储芯片内部的处理单元来加速并发事务处理中的串行操作。具体而言，是通过重新设计事务和日志管理算法，使得操作中的临界区能够直接在内存片上处理器或者专用加速器上执行，从而大大提高并发事务处理的效率。

五、大数据分析

当前主流的大数据分析平台，如 Hadoop Map Reduce 和 Spark 等，都是面向传统的通用处理器——DRAM 架构的计算机系统而设计的。为了发挥处理和存储融合的新型架构优势，需要重新设计相应的大数据平台。以 Map Reduce 为例，Map 阶段高带宽需求的特性要求运算尽可能放在内存片上处理器中进行。再如 Spark，由于其内存计算特性，对内存带宽有较大需求，可以考虑重新设计架构使其能够更有效地使用内存片上处理器。同时由于 Spark 具有良好的数据局部性，还可以考虑将热数据放在内存芯片的 DRAM 层上。另外，尽管 Spark 的基本数据结构（RDD）本身具有容错性，仍然需要有日志机制来支持全面的容错，此时可以考虑将日志放入持久化的 PCM 存储上。

第四节 数据存储的可靠性

数据的价值不仅在于数据内容本身，更体现在为业务发展所带来的利益、用户体验和公司盈利状况等。基于数据中心级别考虑，如果存储的数据量十分庞大，则管理系统的复杂性较高。基于存储设备级别考虑，数据中心为了控制成本，如果大量采用廉价存储设备，则会使得数据极易因硬件设备故障而丢失。因此，如何提高数据中心的数据存储可靠性成了研究重点。数据存储的可靠性主要包括磁盘阵列的可靠性和文件系统的可靠性两个方面。

一、磁盘与磁盘阵列的可靠性

作为主流的存储设备的磁盘，其存储容量不断增长，已从最初的 MB 级发展到现在的 TB 级。一个 PB 级的数据中心需要采用上千个磁盘，一个 EB 级的数据中心需要采用上百万个磁盘。磁盘作为一种机械式存储设备，产生的磁盘错误将导致数据丢失或者损坏。磁盘错误类型主要包括：磁盘故障、潜在扇区错误和不可检测的磁盘错误。因为磁盘是数据的载体，所以磁盘的可靠性与被存储数据的可靠性直接相关。

（一）磁盘的可靠性

磁盘错误分为可检测的错误和不可检测的错误。

1. 可检测的错误

磁盘故障和潜在扇区错误属于可检测的磁盘错误。

（1）磁盘故障。磁盘故障是指磁盘硬件错误导致整个磁盘数据变得无法访问。磁盘的年故障率为 1.7%~8.6%，磁盘的年替换率最高达到 13%。由此可以看出，对于由上千个磁盘组成的 PB 级存储系统，一年内发生故障的磁盘个数就会达到几十个甚至上百个。而对于由上百万个磁盘组成的 EB 级存储系统，一年内发生故障的磁盘个数则将达到几万个甚至几十万个。这是一个惊人的数字。

（2）潜在扇区错误。潜在扇区错误指磁盘盘片表面磁介质损坏或 ECC 错误导致某些扇区数据变得无法访问或不可修复。在 32 个月内，153 万个磁盘中出现潜在扇区错误的磁盘比例为 3.45%，并且这些出现错误的磁盘中潜在扇区错误个数的平均值高达 19.7。

2. 不可检测的错误

不可检测的磁盘错误指因磁盘固件或硬件错误导致从磁盘读出的数据与磁盘预存的数据不一致。根据引发的时间点，又可分为不可检测的读错误和不可检测的写错误。不论是不可检测的读错误还是写错误，在应用中对读操作表现出来的症状都相同，要么是读取了过时的数据，要么是读取了不正确的数据。过时的数据和不正确的数据的区别是过时的数据虽然正确，但已过期，而不正确的数据就是指错误的数据。不可检测的读错误是瞬时的错误，而不可检测的写错误则是持久的错误。因此，比较起来，不可检测的写错误对存储系统的可靠性的影响更为严重。不可检测的写错误主要分为如下三种：

（1）误地址写。磁盘固件中的缺陷将使正确的数据被写到错误的位置，从而导致误地址写。

（2）丢失写。如果磁盘的磁头信号强度不够就不能将写数据送达磁盘盘片，并覆盖盘片上原先存储的旧数据。但此时，如果磁盘又向上层发出"写操作完成"的报告，就会发生丢失写。

（3）破写。破写是指如果磁盘在写数据的过程中电源被循环重启，就会导致一部分数据刚写入磁盘时，写操作就结束了。

（二）磁盘阵列的可靠性

为了防止可检测的错误（磁盘故障和潜在的扇区错误）的出现，通常是采用冗余技术将磁盘组织成磁盘阵列。冗余技术主要分为多路镜像技术和纠删码技术。

1.多路镜像技术

多路镜像技术又称为多副本技术，就是将数据复制为多个副本并分别存储，以实现冗余备份。例如，将每份数据同时存储到t+1个磁盘中，以防止t个磁盘同时发生故障。但是这种方法需要t倍的额外存储开销，导致了存储成本非常高。RAID1是该技术的一个典型应用，采用2路镜像并且能容忍1个磁盘发生故障。

2.纠删码技术

纠删码技术的基本思想是将k个原始数据元素通过编码计算，得到加块冗余元素，在所有的（k+m）块元素中，任意不高于块m元素出错都可以通过重构算法恢复出原来的A块原始数据。其过程先将k个磁盘的原始数据存储到由n个磁盘组成的磁盘阵列中（其中k＜n＜2k），并对磁盘阵列进行条带化。然后用一个纠删码对每个条带中的数据进行编码，以便在多个磁盘同时发生故障时丢失的数据能被恢复出来。如果采用的纠删码是最大距离可分码，则可以容忍多达m=n-k个磁盘同时发生故障。为了容忍t个磁盘同时发生故障，纠删码技术只需要t/n（＜1）倍的额外冗余。RAID5是该技术的一个典型应用，采用1个冗余磁盘并且能容忍1个磁盘发生故障。与多路镜像技术相比，纠删码技术可以提高磁盘阵列的存储效率，并且只需要引入少量的额外能耗开销。现已提出多种纠删码技术，主要有 RS 码、奇偶校验码和阵列码。

（1）RS 码。RS 码能够提供高容错能力的最大距离可分码，但编码和解码工作量较大。RS 码的原理是利用生成矩阵与数据列向量的乘积得到信息列向量。在重构的时候，利用未出错的信息列向量所对应的残余生成矩阵的逆矩阵，再与未出错的信息列向量相乘，来恢复原始数据。磁盘阵列的条带化是独立构成纠删码算法的信息集合。

（2）奇偶校验码。奇偶校验码是一种基于异或运算的纠删码。最简单的奇偶校验码是单奇偶校验码。在单奇偶校验码中，一个条带中只有唯一的一个校验条块。基于单奇偶校验码可以构造出具有更高容错能力的奇偶校验码。根据构造方式，奇偶校验码可以分为下述两大类。

①几何结构奇偶校验码

几何结构奇偶校验码将一个条带中的条块在逻辑上组织成多维几何结构，然后在每个方向上采用单奇偶校验码进行编码，因此具有规整的结构。虽然此类校验码易于实现，但是存储效率较低。

②图结构奇偶校验码

图结构奇偶校验码由基于 Tanner 图构造的低密度奇偶校验码组成。低密度奇偶校验码最初是为了通信链路的容错而设计的，近年来用于广域网的存储。它的优点是容错性好，具有较高的存储效率，解码复杂度很低。由于它基于不规整的图结构构造，因此在磁盘阵列中不仅很难实现，还将导致硬件设计复杂化。

（3）阵列码。阵列码是奇偶校验阵列码的简称，其原理是将原始数据和冗余数据都存储在二维或者多维的阵列中。阵列码具有易于实现、编码和重构的过程相对简单等特点，因此应用较为广泛。阵列码根据冗余数据和原始数据的排放方式不同可以分为水平和垂直两类。

①水平阵列码是指冗余数据单独存放在独立的冗余磁盘中，而剩余磁盘存放原始数据，这种排放方式可扩展性良好。

②为了使更新复杂度降到最低，提出了垂直阵列码。在垂直阵列码中，某

些条块中既存储了冗余数据，也存储了原始数据。由于垂直阵列码的几何结构简单，其计算开销可均匀地分布到各个磁盘上。

③水平垂直阵列码是一类混合结构的阵列码。

纠删码技术主要是用于解决磁盘故障和潜在扇区错误引起的数据丢失问题，而没有考虑不可检测的磁盘错误引起的无记载数据损坏问题。传统的方法是为磁盘数据附带存储元数据，包括校验和版本号等额外信息，进而使得无记载数据损坏变得可检测。然而，这种方法需要额外的存储开销来存取元数据，尤其是在写磁盘数据的时候，还要同步地更新元数据，从而对写操作性能影响较大。由于增加元数据方法使写操作过程复杂化，增大了写操作失败的可能性，还可能引起新的无记载数据的损坏。此外，增加元数据方法在检测无记载数据损坏方面也存在一定的局限性，不能检测到所有类型条块的更新错误。

二、文件系统的可靠性

在大型存储系统中，文件系统是重要的核心子系统。随着磁盘失效的多样性和操作系统本身的不确定性，文件系统的实现日趋复杂，例如 Linux 文件系统已经达到 34 万行代码，PVFS2 文件系统约为 21 万行代码。传统的单元测试需要大量的人力完成，并且几乎无法进行全面的测试，致使分布式文件系统在部署之后，不可避免地会出现错误，进而经常导致系统挂起和系统性能下降，甚至系统崩溃。更为严重的是，某些软件错误还有可能直接导致数据的丢失或者损坏。为了检查系统某个方面的容错能力，常采用错误注入方法，检测文件系统是否能应对底层失效，如磁盘潜在扇区失效、固件失效等。研究结果表明，即使成熟的文件系统，也无法容忍瞬间错误。而且这些错误还可能被传播到其他的磁盘块，导致系统崩溃。由于一致性检测工具极为复杂，注入的磁盘错误也有可能导致文件系统无法得到正常修复。

大数据中心的数据存储可靠性主要取决于磁盘阵列可靠性和文件系统可靠性。提高磁盘阵列的可靠性方法是应用纠错码技术。提高文件系统的可靠性方法是提供端到端的数据可靠性。

第五章 数据工程

第一节 概述

一、数据

（一）数据的定义与生命周期

1. 数据的定义

数据是对客观事物的性质状态以及相互关系等进行记载的物理符号或物理符号的组合。

2. 数据的生命周期

数据的生命周期可以划分为数据描述、数据获取、数据管理、数据应用四个阶段，每个阶段又包括多个具体的数据活动。

（二）数据的特性

数据的特性是指数据区别于其他事物的本质属性。数据的基本特性主要有客观性、共享性、不对称性、可传递性和资源性。

1. 客观性

数据是描述物质的存在、相互关系、运动状态和变化规律的，它是对客观自然现象和规律的基本理解，反映事物的本质，是客观存在的。

2. 共享性

数据区别于物质能源的一个重要特征是它可以被共同占有、共同享用。根据物能转化定理和物与物交换原则，得到一物或一种形式的能源，会失去另一物或另一种形式的能源。而数据交换双方不仅不会失去原有的数据，还会增加新的数据。

3. 不对称性

数据的不对称性可以从两个方面理解：首先是对客观事物的认识，不同人（或者说对事物认识的主体）有不同的认识程度，因而对某一个客体所获取的数据也不尽相同，这就造成了对这个客观事物产生了不同的认识或者说不完全相同的认识；其次是反映客观事物的数据，不能被不同人完全一致地占有，某些人占有的多，某些人占有的少，这就造成了同一事物的数据在不同群体（或人）中的差异，形成了不对称。由此会产生人们对同一事物的不同认识，当然也就会产生不同的结论。

4. 可传递性

数据依靠各种传播工具实现传递，它可以在不同载体之间、不同区域之间进行传递，在传递过程中数据可能一成不变，也可能产生了数量的增减或价值的变化。数据在传递过程中不断表现出它的价值。

5. 资源性

人类进入了 21 世纪后，信息成为继物质和能量之后的第二大资源，而信息的产生是以数据为基础的，所以数据的资源性特征是显而易见的。

（三）数据与信息、知识、智慧的关系

1. 数据与信息的关系

将数据放到一个语境中，给予它一定的含义，就成为信息，简单地说，信息＝数据＋语境。信息普遍存在于自然界、社会以及人的思维之中，是客观事物本质特征千差万别的反映，信息是对数据的有效解释，信息的载体就是数据。数据是信息的原材料，数据与信息是原料与结果的关系。

例如，"6000"是未经加工的客观事实，它是数据，如果将"6000"放到特定的语义环境中，如"6000m是飞机的飞行高度"，它就是信息。再如"8000"是数据，而"8000m是山的高度"就是信息。

2. 信息与知识的关系

知识是人们对客观事物运动规律的认识，是经过人脑加工处理过的系统化了的信息，是人类经验和智慧的总结。简单地说，知识＝信息＋判断，信息是知识的原材料，信息与知识是原料与结果的关系。

例如，人们将飞机飞行高度与山的高度两条信息之间建立一种联系，加上自己的判断就产生了知识，比如"如果飞机以 6000m 的飞行高度向高度为 8000m 的高山飞去，飞机就会撞毁"，这就是知识。

3. 知识与智慧的关系

在了解多方面的知识之后，就能够预见一些事情的发生并采取行动，这就是智慧。简单地说，智慧＝知识＋整合。知识是智慧的原材料，知识与智慧是原料与结果的关系。人类的智慧反映了对知识进行组合、创造及理解知识要义的能力。

例如，根据"如果飞机以 6000m 的飞行高度向 8000m 的高山飞去，飞机就会撞毁"这条知识，可以预见飞机撞山的发生，并采取行动，"让飞机始终保持在高于山的高度飞行"，这就是智慧。

综上所述，数据、信息、知识、智慧四者之间的关系是一个逐步提炼的过程：通过对数据的认知和解读，数据可以转化为信息；通过对大量信息的体验和学习，并从中提取关于事物的正确理解和对现实世界的合理解释，信息可以转化为知识；通过对知识的整合运用，知识可以转化为智慧。数据—信息—知识—智慧推动人类社会进一步向前发展，其中数据是这一转变过程中的基础。

二、数据工程的背景与内涵

（一）数据工程产生的背景

数据工程是信息技术发展的产物，其产生的背景主要有以下三个方面。

1. 数据资源的开发和利用成为推动社会发展和进步的重要力量

由于信息技术的发展，数据的资源价值更易发挥，数据的资源特征日益显著。20 世纪五六十年代，计算技术的发展和成熟，使得大量数据的收集加工、存储和利用成为可能，致使数据成为可能产生经济和社会效益的重要资源；20世纪70年代以来，计算机软件和硬件技术的发展，使对大量数据的精细加工和数据变成信息并加以利用成为可能。当前，由于计算机技术和通信技术的发展，使信息的传播和利用超越了时空的限制，成为社会发展和进步的极为重要的、可共享的资源，对数据资源的开发和利用成为推动社会进步的重要力量。

2. 数据集成与共享的迫切需求

在20世纪六七十年代，信息系统应用的主要目标是利用计算机来代替部分联系不那么密切、手的重复性劳动的工作环节，以提高生产或管理效率，这一阶段还没有数据集成与共享的需求。

到了20世纪八九十年代，各行业在信息系统上进行了巨大的投资，以满足业务处理和管理需要为目标，建立了众多的应用信息系统。由于各个机构是按照职能来组织各个部门，不同的部门使用不同的应用信息系统来协助他们完成规定的职能，导致许多关键的数据被封闭在相互独立的系统中，形成一个个所谓的"信息孤岛"。

到了21世纪，信息技术得到了迅猛的发展，随着各行业的信息化建设向广度和深度扩展，业务需求也在不断变化，需要将众多的"信息孤岛"集成和整合为一个有机整体，实现了数据的无缝流动和共享。根据META Group的统计，一家典型的大型企业平均拥有49个应用系统，33%的IT预算是花在信息系统集成上。可以说信息系统集成是各个行业在信息化建设中不可缺少的环节，而信息系统集成的核心是数据集成和共享。

3. 数据资源建设成为制约信息系统效能发挥的瓶颈

尽管数据总量在不断增加，但是人们在需要应用数据解决实际问题时却缺少有效数据的支撑。需要花费大量的人力和财力，采取各种手段，千方百计地去抽取、转换和整合数据。在应用数据时，面临的具体问题主要有：不知道哪里有所需要的数据；知道数据存放的位置，但由于技术或组织的原因无法访问数据；知道数据存放的位置，也可以访问，但是缺少语义信息而无法理解数据；数据可以访问，也可以理解，但是同样的信息在不同的位置，其名称、格式、含义却不同。这些问题的存在，导致信息系统缺乏有效数据的支撑，不能发挥信息系统应有的效能，因此数据资源建设成为制约信息系统效能发挥的瓶颈。

数据工程就是在以上这些背景下产生的一门新兴学科。

（二）数据工程的内涵

1. 数据工程的概念

数据工程是以数据作为研究对象，以数据活动为研究内容，以实现数据重用、共享与应用为目标的科学。

从应用的观点出发，数据工程是关于数据生产和数据使用的信息系统工程。数据的生产者将经过规范化处理的、语义清晰的数据提供给数据应用者使用。

从生命周期的观点出发，数据工程是关于数据定义、标准化、采集处理、运用、共享与重用存储和容灾备份的信息系统工程，强调对数据的全寿命管理。

从学科发展角度看，数据工程是设计和实现数据库系统及数据库应用系统的理论、方法和技术，是研究结构化数据表示、数据管理和数据应用的一门学科。

2. 数据工程研究的内容

（1）数据管理。数据管理是保证数据有效性的前提。首先要通过合理、安全、有效的方式将数据保存到数据存储介质上，实现对数据的长期保存；其次对数据进行维护管理，以提高数据的质量。数据管理研究的主要内容包括数据存储、备份与容灾的技术和方法，以及数据质量因素、数据质量评价方法和数据清理方法。

（2）数据应用。数据资源只有得到应用才能实现其自身价值，数据应用需要通过数据集成、数据挖掘、数据服务、数据可视化、信息检索等手段，将数据转化为信息和知识，辅助人们进行决策。数据应用研究的主要内容包括数据集成、数据挖掘、数据服务、数据可视化和信息检索的相关技术和方法。

（3）数据安全。数据是脆弱的，它可能被无意识或有意识地破坏、修改，因此需要采用一定的数据安全措施，确保合法的用户采用正确的方式在正确的时间对相应的数据进行正确的操作，确保数据的机密性、完整性、可用性和合法使用。

第二节　数据存储、备份与容灾

一、数据存储

所谓数据存储就是根据不同的应用环境通过采取合理、安全、有效的方式将数据保存到物理介质上，并能保证数据实施的有效访问。当前数据存储的主流技术有三种，分别是直接附加存储 DAS、网络附加存储 NAS 和存储区域网络 SAN。DAS、NAS 和 SAN 都有自己的适用环境，在短期内还不会出现一种或两种被完全取代的趋势。另外，近几年来席卷全球的金融危机推动了存储虚拟化和绿色存储的发展。

（一）数据存储介质

数据存储首先要解决的是存储介质的问题。存储介质是数据存储的载体，是数据存储的基础。存储介质并不是越贵越好、越先进越好，而是要根据不同的应用环境，合理选择存储介质。存储介质的类型主要有磁带、光盘和磁盘三种。

1. 磁带

磁带是存储成本最低、容量最大的存储介质，主要包括磁带机、自动加载磁带机和磁带库。磁带迄今已经有近 60 年的发展历史，尽管新技术、新产品不断冲击磁带，但磁带仍然以它独特的魅力向人们证明了它的不可替代性。

磁带最大的缺点就是速度比较慢，在以下几种情况下可以考虑使用：一是有充足的读写时间，如果对时间不敏感，但通过磁盘到磁带的数据存储方式十分稳定，可以充分发挥磁带的优势；二是不需要进行快速的数据恢复工作；三是需要进行离线的大数据量的恢复工作；四是需要长时期、高质量的文档存储；五是需要低成本的解决方案。

2. 光盘

光盘全称是高密度盘，常见的格式有 VCD 和 DVD 两种。VCD 一般能提供 700MB 左右的空间。DVD 目前已经成为主流，因为它的容量要大得多，单面单层容量为 4.7GB，单面双层容量为 8.5GB，双面双层容量为 17GB。另外，蓝光 DVD 技术正在逐步得到认可，一张蓝光 DVD 可提供 30GB~60GB 的存储空间。

光盘具有三个鲜明特点：一是光盘上的数据具有只读性；二是不受电磁的影响；三是光盘容易大量复制。这些特点使得光盘特别适用于对数据进行永久性归档备份。如果数据量大，那么就要用到光盘库，光盘库一般配备有几百张光盘。

3. 磁盘

在利用磁盘存储数据时，一般采用独立冗余磁盘阵列 RAID。RAID 将数个单独的磁盘以不同的组合方式形成一个逻辑磁盘，不仅提高了磁盘读取的性能，也增强了数据的安全性。

RAID1 中每一个磁盘都有另外一个磁盘作为备份，因此拥有完全的容错机制，适用于备份重要数据的场合。RAID5 虽然读取数据性能高，但是写入数据性能一般，适用于备份数据库中的数据文件。RAID6 能提供两个校验磁盘，其可靠性高于 RAID5，适用于一些对可靠性要求高的场合。RAID10 是 RAIDO 和 RAID1 的组合，备份速度快，完全容错，但是成本高。

另外，在数据存储环境中还常用到虚拟磁带库。虚拟磁带库是以 RAID 作为介质，并将 RAID 仿真为磁带库。换而言之，虚拟磁带库就是将 RAID 空间虚拟为磁带空间，能够在传统的备份软件上实现和传统磁带库同样功能的产品。虚拟磁带库的使用方式与物理磁带库几乎相同，由于采用 RAID 作为存储介质数据存取的速度远远高于物理磁带库。同时，RAID 中的数据冗余保护机制使得虚拟磁带库的可用性、可靠性均比物理磁带库高得多。

（二）数据存储技术

1.DAS 存储技术

DAS 也称为服务器附加存储，SAS 是指数据存储设备通过电缆（一般是 SCSI 接口电缆）或光纤通道直接连接在服务器的接口上。在 DAS 中，客户端访问数据的步骤如下。

（1）客户端向服务器发出请求数据的命令。

（2）服务器收到命令后查询缓冲区，如果数据在缓冲区内就把数据直接转发到客户端，否则将请求解析成本地的数据访问命令后发给存储设备。

（3）存储设备在收到命令后将数据发到服务器。

（4）服务器将数据放到缓冲区内，最后将数据转发给客户端。

DAS 最大的优点是简单，容易实现，而且无须专业人员维护，成本低。它能够解决单台服务器存储空间扩展的需求。单台外置存储设备的容量已经从不到 1TB 发展到了 2TB，很多中小型网络只需要一两台服务器，数据量不是很大。在这种情况下，DAS 完全可以满足要求。

DAS 的体系结构决定了其缺点也不少，主要有以下四点。

（1）资源利用率低。在 DAS 中要想访问存储设备中的数据，必须经过服务器转发。这样在大量数据请求的情况下，服务器必然成为数据访问的瓶颈。另外，每台服务器都有数量不等的存储设备，存储容量的再分配比较困难，容易出现有的存储设备空间不够用，有的却有大量存储空间闲置的现象。美国卡内基梅隆大学的研究和实验表明，DAS 的资源利用率只有 3%。

（2）可扩展性差。当出现新的应用需求时，存储设备数量上的扩展受限于服务器可以最多连接的设备总数。比如并行 SCSI 总线最多只能连接 15 台设备，FC 在仲裁环的方式下最多可连接 125 台设备。如果原有的服务器不够用，那么只能新增服务器，而且要为服务器配置存储设备，增加了成本。

（3）可管理性差。数据的管理依赖于特定的平台和操作系统，不利于跨平台管理，数据共享困难。另外，对于整个网络环境下的存储系统，没有集中管理的解决方案。

（4）容灾能力差。存储设备与服务器之间连接线的最大长度受接口的限制，比如采用 Ultra160SCSI 接口的数据线连接单个设备时最大长度为 25m，连接一个以上设备时最大长度为 12m。在部署时服务器和存储设备都在一个机房里，数据备份也要在本地进行，一旦出现灾难，数据将无法恢复。这对于将数据视为生命的用户，如银行保险、军队等来说是不能接受的。

2.NAS 存储技术

NAS 是指数据存储设备直接通过网络接口连接到网络上，使用文件共享协议向用户提供跨平台的文件数据服务。

（1）NAS 的硬件系统

NAS 的硬件系统由控制器部分和存储设备组成。控制器部分主要包括 CPU 内存、磁盘接口和网络接口。NAS 仍然采用了使用范围广的 x86 服务器体系结构，这样在保证高性能的情况下还节约了成本。

网络接口一般采用以太网接口，这主要有两个原因：一是以太网技术经过几十年的发展，使用最为广泛，已经确立了其在局域网中的霸主地位；二是千兆以太网逐步走向普及，数据吞吐率完全可以满足大多数用户的要求。

NAS 的存储设备一般使用 RAID，也有同时使用 RAID 和光盘库的，这样的 NAS 被称为 NAS 光盘镜像服务器，它将光盘库中访问频率最高的数据缓存到磁盘中，从而极大提高了数据访问速度。

（2）NAS 的软件系统

NAS 的软件系统分为五个模块：操作系统、卷管理器、文件系统、文件共享协议和 Web 管理模块。

①操作系统：通常是定制的 Unix、Linux 或者 Windows 系统，这些操作系统针对 NAS 做了专门的优化。其目的有二：一是去掉不必要的功能，从而简化系统；二是为了提高文件的访问效率。

②卷管理器：实现简化集中的数据存储管理功能保证数据的完整性，增强数据的可用性。其主要功能是磁盘和分区的管理，包括磁盘的监测与异常处理和逻辑卷的配置管理等。

③文件系统：提供持久性存储和管理数据的手段，具备日志和快照功能。日志功能是在系统崩溃或掉电重启后恢复文件系统的完整性。快照功能是做好数据的备份。

④文件共享协议：除了支持 FTP 和 HP 协议以外，还支持文件共享协议。文件共享协议主要有两种：一是 Sun 提出的网络文件系统 NFS，二是

Microsoft、EMe 和 NetAPP 联合提出的公共互联网文件系统 CIFS。NFS 主要应用于 UniX 系统，而 CIFS 则广泛应用于 Windows 系统。

⑤ Web 管理模块：使得系统管理员可以通过 Web 浏览器远程监视和管理 NAS 设备。比如网络配置、用户与组管理、卷以及文件共享权限等。

（3）NAS 的文件共享协议

① NFS。NFS 基于远程过程调用 RPC 构建，使 UniX 用户可以通过网络来访问服务器上的文件资源。NFS 采用的是 C/S 模式，服务器通过 NFS 导出一个或多个本机上的共享目录，客户端可以通过设置服务器上的目录来实现文件资源的共享，通过 RPC 对服务器提出服务请求，服务器根据请求做出相应的操作并返回结果。

NFS 是一个无状态协议，也就是说服务器不需要维护诸如当前客户端是谁，哪些文件被打开之类的状态信息。每个 RPC 都包括了完成操作所需要的全部信息，例如客户端的一个读文件请求包括了用户的认证信息、文件句柄、数据在文件中的偏移量和读数据的大小等信息，服务器通过这些信息就可以知道如何响应客户端的请求。这样做的优点是比较适合容灾 / 容错功能的实现，缺点是降低了数据的传输效率。

② CIFS。CIFS 和 NFS 一样也采用的是 C/S 模式，客户端向服务器发出请求，服务器响应客户端的请求，把自身的文件资源共享给网络上的用户。CIFS 定义了两种资源安全访问模式：一种是用户级安全性，另一种是共享级安全性。在用户级安全性中客户端必须提供正确的用户名和口令，服务器在经过验证之后给客户端提供相应的访问权限，不同的用户可以得到不同的访问权限。在共享级安全性中只要知道共享资源的访问口令，就能够访问共享资源，不同的用户得到的访问权限是相同的。

③ NFS 和 CIFS 的比较。NFS 和 CIFS 的差异主要表现在以下几个方面。

第一，数据传输机制不同。由于 CIFS 是面向连接的，因此它需要可靠的网络传输机制如 TCP。而 NFS 独立于传输层，通过 RPC 调用来实现访问，因此既可以用 TCP 实现，也可以用 UDP 实现。

第二，协议状态不同。NFS 是无状态协议，CIFS 是有状态协议。NFS 在服务器出现短暂的故障时，客户端恢复请求时间短，受到的影响并不大。CIFS 出现类似的情况时恢复请求时间长，必须重新建立所有的状态信息才能进行数据传输。

第三，传输效率不同。使用 CIFS 时服务器维护了它与客户端之间的连接信息，在数据访问过程中大大减少了一些不必要的重复信息，从而提高了数据访问的效率。而 NFS 每次进行 RPC 都包含了冗余信息，数据访问的效率要差一些。

（4）NAS 的优点

①容易安装。NAS 产品是即插即用设备，可以直接连接到网络中，只需分配一个 IP 地址即可。

②方便使用和管理。不需要另外安装软件，NAS 设备的设置、升级和管理都可以通过 Web 浏览器来实现。

③跨平台使用。NAS 独立于操作系统平台，可以支持 Windows、Unix、Mac 和 Limlx 等平台的文件共享，具有文件服务器的特点。

④性能优越。支持 10/100BaSt-T、1000BaSe-SX 光纤接，并且，在 NAS 中，硬件专门为了数据共享进行了优化设计，使存储性能得到最佳发挥。

⑤安全性。通过口令控制来保证安全性。

⑥可用性好。部件的热交换，冗余的电源 / 风扇，内部存储设备采用 RAID 技术，以及服务器的快速启动，这些措施都是为了支撑 NAS 的可用性。

⑦降低费用。由于 NAS 无须设计，维护起来相对容易，因此总拥有成本较低。

（5）NAS 的缺点

①数据的传输能力受限。在 NAS 中传输数据必须通过 LAN。由于 LAN 中存在侦听检测、访问控制等数据的带宽开销，所以不能满足大量连续数据传输的要求。如果 LAN 规模庞大且复杂，对 NAS 中的数据存取访问会造成 LAN 的堵塞，严重时可能会导致网络的瘫痪。

②数据的备份能力有限。虽然 NAS 具有远程备份能力，但是它不支持存

储设备之间的直接备份，无法脱离网络。因此备份会占用网络的带宽资源，从而影响网络的服务质量。

③NAS 设备之间缺乏沟通。资源在网络中形成一个个的信息孤岛，容易造成存储资源的浪费，给管理带来麻烦。

3.SAN 存储技术

SAN 本质上是一个高性能网络，其基本目的是使存储设备与计算机系统或者存储设备与存储设备之间传输数据。

（1）FC SAN

光纤通道 FC 是一种在系统间进行高速数据传输的技术标准。FC 由于其协议的低消耗，实际可用带宽接近于数据传输带宽，并且具有扩展带宽的能力，现在已成为 SAN 事实标准。FCSAN 占有了 SAN 大部分市场份额。

①FC SAN 的拓扑结构。在配置上 FCSAN 使用三种拓扑结构：点对点、仲裁环和交换式拓扑结构。

第一，点对点。点对点 FC SAN 是三种拓扑结构中最简单的，使用 FC 直接连接两个设备，适用于小型的存储系统。

第二，仲裁环。在一个仲裁环中所有设备共享整体带宽，因此设备的数据量越多，每个设备分享到的带宽也就越小。当然在同一个时间点上并不是仲裁环上所有设备都需要传输数据，因此，活跃设备的数量决定了整个仲裁环的带宽。

第三，交换式。交换式拓扑是通过交换环境连接多个系统和设备点对点结构的延伸。交换机负责将数据从源设备传输到目的设备。

②FCSAN 的优点

第一，高速的存储性能。光纤通道的传输速率可以达到 4GB/s，而且整个网络都是围绕数据传输设计的，所以数据存取的速度非常快。

第二，良好的扩展性能。一旦现有容量不能满足要求，可以在光纤交换机上增加阵列来实现对容量的扩充。

第三，稳定的传输性能。由于光纤性能较高，不受电气环境的干扰，在其运行过程中稳定性好。

③ FCSAN 的缺点

第一，部署成本比较高。光纤交换机、光纤硬盘等设备都比较昂贵，这是 FCSAN 的最大缺点。

第二，维护和管理成本比较高。FCSAN 的另一个问题是它与 IP 网络的异构性，这种异构性使得占市场大多数的中低端客户面对相对陌生、复杂的 FC 技术望而却步。一般来说，FCSAN 大多需要特定的工具软件来操作管理，所以需要对管理人员进行一定时间的培训，而且费用不低。

第三，容易形成存储孤岛。由于 FCSAN 受通信协议制约，不能使存储设备在无处不在的 Interna 上运行，不同的 FCSAN 中的存储设备不能互相通信，导致了存储孤岛的出现。

第四，设备的兼容性。各个厂商生产的 FCSAN 设备之间不兼容。不同厂商的 FC 适配器交换机及存储设备之间存在不同程度的兼容性问题。

（2）IP SAN

IP SAN 是基于 TCP/IP 构建的存储区域网络，可以将 SCSI 指令通过 TCP/IP 传达到远方，以达到存储设备之间相互通信的功能。由于传送的数据包内有传输目标的 IP 地址，因此 IP SAN 是一种效率较高的点对点传输方式。有三种不同的 IP 存储协议可以用来实现 IP SAN，分别是基于 IP 的光纤通道 FCIP、互联网光纤通道协议 IFCP 和 IP SAN，其中基于 IP SAN 的 IP SAN 已经在市场上得到了广泛的应用，但 FCIP 和 CP 市场占用率并不高。

IP SAN 协议也是一个在网络上封包和解包的过程，在网络的一端，数据按照 IP SAN 协议的规范被 SCSI 设备封装成包括 TCPP 头、SCSI 识别包和 SCS 数据三部分内容。当数据传输到网络另一端后再由 IP SAN 设备解包。IP SAN 协议如命令描述块 CDB 是 SCSI 的核心部分，用于对 SCSI 存储设备进行 I/O 操作；CDB 在 SCSI 协议中被封装成协议数据单元 PDU，PDU 处于监控数据的请求方与应答方之间的事务状态；数据同步机制是为了确保 IP SAN 数据和命令的有序接收，并处理数据包丢失的情况；最终数据的传递由 TCP/IP 负责。

① IP SAN 的优点

第一，建设成本低廉。IP SAN 基于以太网构建，可以充分依赖现有的网络架构，从而大大减少建设费用。另外 IP SAN 设备的价格都相对较低。

第二，良好的扩展能力。IP 网络建到哪里，IP SAN 就能部署在哪里。

第三，管理维护简便、费用低。IP 网本身就具有较强的网络管理功能，因此无须安装或定制专门的管理软件对 IP SAN 进行管理，利用熟悉而且简便的 IP 网络管理技术就能够实现对整个 IP SAN 的有效管理和维护。

第四，建设和管理人才丰富。Internet 的快速发展与应用的同时也造就了大批 TCP/IP 方面的人才，这为建设和管理 IP SAN 提供了丰富的资源。

② IP SAN 的缺点

第一，存储速度不高。到目前为止，IP SAN 最快的传输速度约为 100MB/s，远不及 FC SAN。

第二，安全性不高。由于 IP 网络环境复杂，熟悉 IP 网络技术的人相对比较多，因此它也比较容易受到攻击。

第三，传输的效能不高。由于 IP SAN 采用的是 IP 网络，IP 网络上充斥着来自全球各地的庞大数据及噪声，数据碰撞和延迟情形时有发生，从而影响了传输的效能，甚至数据的正确性。

（三）绿色存储

所谓绿色存储就是低成本、高利用率的存储。绿色存储技术主要包括重复数据删除、自动精简配置等。

1. 重复数据删除

重复数据删除又被称为容量优化保护。据全球十大研究和分析咨询公司之一的 ESG 的统计，结构化数据每年的增长速度是 25%，而非结构化数据的增长速度是 50%~75%。

数据的增长速度只会越来越快，而数据备份更是显著地加快了数据的增长速度。数据增长的成本很昂贵，其中很大一部分成本来自数据备份过程中产生的大量重复的数据副本。由于重复数据删除可以帮助用户缩小几十倍的数据量，是一种高效的数据缩减方式，为用户带来了良好的经济效益，因此已经成为一项引人注目的控制存储容量和成本的技术。

（1）基本原理。每一个数据通过散列算法产生一个特定的散列值，将这个散列值与现有的散列值索引相比较，如果已经存在于索引中，那么这个数据就是重复的，不需要进行存储。否则，这个新的散列值将被添加到索引中，这个新的数据也将被存储。

（2）实现方式。重复数据删除技术可以分为两种实现方式：in band 重复数据删除和 OUt-Of-band 重复数据删除。

① in-band 通复数据删除。当数据到达配置了重复数据删除技术的存储设备时，首先在内存里对数据进行分析，判断是否存在已保存过的数据。如果已经存在，那么就写入一个指针来代替实际数据，再写入该数据。这样做可以显著降低 I/O 的开销，因为大部分工作是在内存里完成的，只是在查找数据块时有磁盘操作。

② OUt-Of-band 重复数据删除。OUt-Of-bnd 处理的方式是先写入原始数据、读取，再确认其是否为重复的数据。如果是重复的数据，那么就用一个或多个指针进行代替。

2. 自动精简配置

据《存储杂志》统计，全球平均只有 18.6% 的存储资源得到有效利用。这是由于传统存储配置技术是给每个应用配置充足的容量，然而配置的容量往往得不到充分的利用导致存储资源的浪费。例如，应用程序的实际需要数据容量可能只有 100GB，但是根据各方面的要求，管理员通常会创建 500GB 的容量。500GB 的容量创建以后，就只为该应用程序服务，其余应用程序都无权使用。然而在很多情况下 500GB 不可能完全得到利用。

自动精简配置技术正是为了改变存储资源浪费问题而产生的，它可以大大提高存储资源利率和配置管理效率，实现自动化地优化数据存储，同时也简化了存储架构的复杂性。自动精简配置在不久的将来可能成为数据中心的一个标准配置。

自动精简配置技术的工作原理是"欺骗"操作系统,操作系统在识别存储设备时,看到的并不是真实的逻辑卷,而是由自动精简配置技术虚拟出来的卷。只有当向存储设备写数据时,才会分配真实的容量。

二、数据备份

数据备份是为了防止由于用户操作失误、系统故障等意外原因造成的数据丢失,从而将整个应用系统的数据或一部分关键数据复制到其他存储介质上的过程。这样做的目的是保证当应用系统的数据不可用时,可以利用备份的数据进行恢复,尽量减少损失。与数据备份相关的概念有以下几个:

(1)备份窗口:一个工作周期留给系统进行数据备份的时间。

(2)7×24系统:系统如果能够一周7天,一天24小时运行,那么就称为7/24系统。

(3)备份服务器:这是指连接到备份介质的计算机,备份软件一般运行在备份服务器上。

(一)备份结构

当前最常见的数据备份结构有三种:DAS备份结构、基于LAN的备份结构、LAN-FREE备份结构。

1.DAS备份结构

最简单的备份结构就是将备份设备(RAID或磁带库)直接连接到备份服务器上,DAS备份结构在数据量不大、操作系统类型单一、服务器数量有限的情况下能满足需要。当用户的计算机系统规模不断扩大、数据量急剧增长及网络环境复杂的情况下,DAS备份结构的弊端就暴露出来了:一是不同的服务器需要单独的备份设备,不同的操作系统需要不同的软件来支持,这无疑增加了管理的难度;二是需要备份的数据分布在不同的服务器上,备份好的数据也分布在不同的存储设备上,难以进行统一的管理;三是无法实现对数据的在线实时备份,而且进行备份工作时会给计算机系统带来很大的负载,影响服务器提供正常的服务;四是由于数据线的距离限制,难以实现远程数据备份,系统防护能力弱。

2. 基于 LAN 的备份结构

基于 LAN 的备份结构是一种 C/S 模型，它存在多个服务器和客户端通过局域网共享备份系统。这种结构在小型的网络环境中较为常见，用户通过备份服务器将数据备份到 RAID 或磁带机上。与 DAS 备份结构相比，这种结构最主要的优点是用户可以通过 LAN 共享备份设备，并且可以对备份工作进行集中管理。缺点是备份数据流通过 LAN 到达备份服务器，这样就和业务数据流混合在一起，会占用网络资源。当备份数据量大时，会给 LAN 带来很大的负载。因此该结构为了避免对 LAN 运行的正常业务产生不良影响，需要挑选合适的备份窗口，在短时间内将备份工作结束。

3.LAN-FREE 备份结构

为了克服基于 LAN 备份结构的缺点，它将备份数据流和业务数据流分开，业务数据流主要通过业务网络进行传输，而备份数据流通过 SAN 进行传输。

LAN-FREE 备份结构引入 SAN 具有以下优点：

（1）SAN 的带宽保证能充分发挥备份设备的性能。

（2）备份数据流和业务数据流分别在不同的网络中传输，备份数据时就不会对正常业务产生影响。

（3）备份设备在 SAN 中作为一个独立节点而存在，被所有需要进行备份工作的服务器共享，而在 LAN 中备份设备仅仅是作为中心备份服务器的外设。

（4）容易扩展备份容量。当现有的备份设备存储容量不够时，只需要在 SAN 上增加一个备份设备节点即可。

LAN-FREE 备份结构的主要缺点是备份数据流要经过应用服务器，会影响应用服务器提供正常的服务。

（二）备份策略

备份策略是指确定需要备份的内容、备份时间和备份方式，主要有三种备份策略：完全备份、差分备份和增量备份。

1. 完全备份

每天都对需要进行备份的数据进行完全备份。当数据丢失时，用完全备份下来的数据进行恢复就可以了。完全备份主要有两个特点：一是由于每次都对数据进行完全备份，在备份数据中有大量的数据是重复的，比如有些数据并没有发生变化也会再次备份，这些重复数据将占用大量的存储空间；二是进行完全备份的数据量大，备份所需的时间长，必须能容忍长时间的备份窗口，这对业务繁忙的系统来说是不能接受的。

2. 差分备份

每次所备份的数据只是相对上一次完全备份之后发生变化的数据。

3. 增量备份

每次所备份的数据只是相对于上一次备份后改变的数据。这种备份策略没有重复的备份数据，节省了备份数据存储空间，缩短了备份的时间。但是当进行数据恢复时就会比较复杂。假设系统在星期三发生了故障，现在要将数据恢复到上次备份时的状态，也就是星期二的数据状态，那么就需要先找到上个星期日做的完全备份进行数据恢复，然后再依次用星期一和星期二所做的增量备份进行恢复。如果其中有一个增量备份数据出现问题，那么后面的数据也就无法恢复了。因此，增量备份的可靠性没有完全备份和差分备份高。

三、数据容灾

（一）数据容灾与数据备份的关系

数据备份是数据可用的最后一道防线，其目的是系统数据崩溃时能够快速恢复数据。

（二）数据容灾的关键技术

数据容灾的关键技术主要包括远程镜像技术和快照技术。

1. 远程镜像技术

远程镜像技术是在主数据中心和备份中心之间进行数据备份时用到的。镜像是在两个或多个磁盘子系统上产生同一个数据镜像视图的数据存储过程：

一个称为主镜像系统；另一个称为从镜像系统。远程镜像又称为远程复制，它用于远程维护数据的镜像，这样在灾难发生时，存储在异地的数据就不会受到影响。

（1）远程镜像的类型

①同步远程镜像。同步远程镜像是将主镜像系统的数据以完全同步的方式复制到从镜像系统。每次对主镜像系统进行数据 I/O 操作时，也对从镜像系统进行数据的 I/O 操作。只有当两者都完成了操作时才能进行下一步。由此可见同步远程镜像的 RPO 值为零，也就是没有丢失数据，达到了 SHARE78 标准的第 6 级。同步远程镜像虽然从原理上类似于 RAIDI 结构，但是和本地 RAIDI 不同，由于本地和异地之间较远的距离、网络的带宽等因素的限制，同步远程镜像会严重影响本地系统的性能，因此同步远程镜像一般限于在相对较近的距离上应用。

②异步远程镜像。异步远程镜像是将主镜像系统的数据以后台异步的方式复制到从镜像系统，应用服务对数据的 I/O 操作照常进行，不需要关心远程数据复制的情况，异步远程镜像使得本地系统性能受到的影响小，大大缩短了数据处理的等待时间，具有对网络带宽要求小、传输距离长的优点。不过，由于从镜像系统的数据 I/O 操作没有得到确认，极有可能会破坏主从镜像系统的数据一致性。

（2）远程镜像的实现方式

①基于硬件的远程镜像。基于硬件的远程镜像主要由存储设备厂商来提供，通过专门的线路和协议来实现不同物理存储设备之间的数据交换，这种方式对主机的负担较小，但是不同厂商之间的技术往往无法统一，存在兼容性问题。

②基于软件的远程镜像。基于软件的远程镜像利用软件系统实现，主要由软件生产商提供。它在利用软件实现远程数据复制的同时，也实现了远程监控和切换功能，相对于利用硬件进行远程数据镜像，软件复制技术灵活性较高，系统之间的兼容较好，但是对主机资源的消耗比较高。

2. 快照技术

所谓快照就是关于指定数据集合的一个完全可用的复制，该复制是相应数据在某个时间点（复制开始的时间点）的映像。快照的作用有两个：一是能够进行在线数据恢复，可以将数据恢复成快照产生时间点时的状态；二是为用户提供另外一个数据访问通道，比如在原数据在线运行时，利用快照数据进行其他系统的测试。

（1）快照的类型

目前有两类快照：一类叫作即写即拷快照；另一类叫作分割镜像快照。

即写即拷快照可以在每次输入新数据或已有数据被更新时生成对存储数据改动的快照。

分割镜像快照也叫原样复制、克隆，它是引用镜像硬盘组上所有数据。分割镜像快照可以由主机用软件完成，或者直接由存储设备来完成。

（2）快照的使用方法

快照有三种使用方法：冷快照、暖快照和热快照。

①冷快照。冷快照是指在系统关闭或者应用程序停止提供服务时执行快照操作。冷快照是保证系统可以完全恢复的最安全方式。在进行任何大的配置变化或维护过程之前和之后，一般都需要进行冷快照，以保证完全的恢复原状（rollback）。

②暖快照。暖快照是利用系统的挂起功能。当执行挂起行动时，所有的内存活动都被保存在一个临时文件中，并且暂停服务器应用。在这个时间点上，复制整个系统（包括内存、LUN 及相关的文件系统）的快照，在这个快照中系统上所有的数据冻结在完成挂起操作时的时间点上。

当快照操作完成时系统在挂起行动开始点上恢复运行，从表面上看就好比在快照活动期间系统被按了一下暂停键。对于访问系统的用户看来，服务只是暂时中断了一段时间。

③热快照。热快照是指在系统不中断服务的情况下执行快照操作。在热快照下系统发生的所有数据写入操作都写在一个暂存区中，而不会影响到执行快

照的目标 LUN，以保持文件系统高度的一致性。当快照完成后，系统会对比暂存区与目标 LUN 的差异，并写入新的及发生变化的数据。热快照不会中断系统提供的服务，影响是在执行热快照期间，系统 I/O 性能有所降低。

第三节　数据质量管理

一、数据质量描述

（一）数据质量定量元素

数据质量定量元素用于描述数据集满足预先设定的质量标准及指标的程度，并提供定量的质量信息。数据质量指标分为两个级别：一级数据质量定量元素是具有相同本质的二级质量元素的集合，它具有数据完整性，即特征、特征属性和特征关系存在或不存在；逻辑一致性，即数据结构、属性即关系的逻辑规则一致性程度等。

（二）数据质量非定量元素

数据质量非定量元素提供综述性的、非定量的质量信息，包括数据生产的目的，即描述数据的创建原因和预定的使用用途，即描述数据的应用范围。

二、数据质量评价

（一）数据质量评价过程

数据质量评价过程是产生和报告数据质量结果的一系列步骤，即范围限定的数据集或产品规范和用户需求：确定适用的数据质量定量元素及数据质量范围；确定数据质量度量方法；选择并使用数据质量评价方法；决定数据质量结果；决定一致性；报告数据质量结果（定量的）；报告数据质量结果（通过或不通过）。

（二）数据质量评价方法

1.直接评价法

（1）直接评价法的分类

直接评价法根据执行评价所需要的信息源，进一步细分为内部直接评价法和外部直接评价法。

数据质量内部直接评价法需要使用的所有数据都来自被评价数据集内部。比如，为检查边界闭合的拓扑一致性而进行逻辑一致性测试的所需数据属于拓扑结构的数据集，而数据质量外部直接评价法则需要参照测试数据集以外的数据。

比如，对集中道路名称数据做完整性测试，需要其他信息源的道路名称；而位置准确度的测试，需要一个参照数据集或重新测量。

（2）实现直接评价法的手段

直接评价法的实施可以通过两种方式实现：全面检查或抽样。

①全面检查。全面检查要求对总体中每一个单位产品进行检验。

②抽样。抽样要求检测总体中足够数量的单位产品，以获得数据质量评价结果。在抽样时，特别是使用小样本和不同于简单随机抽样的方法时，要对数据质量评价结果的可靠性进行分析。

2.间接评价方法

一般是在直接评价方法不可用时才用间接评价方法，间接评价方法是根据外部知识去评价数据集的质量。外部知识包括但不限于数据质量定性元素和其他用来生产数据集的数据集和数据质量报告，如数据集使用信息数据日志信息和用途信息等。

三、数据质量控制

（一）数据生命周期各阶段对质量的影响

对数据资源来讲，虽然在内容、表现和存在形式等方面存在诸多差异，但其生命周期是相同的，都有从产生到应用的过程，包括数据描述、数据获取、数据管理、数据应用四个阶段。

1. 数据描述

数据描述阶段是数据活动的开始阶段。在这一阶段对应用领域的业务进行分析，制定数据定义和数据标准，并最终完成数据结构设计。完备的数据标准能规范数据的结构格式、表现形式等，确保数据具有良好语义规范。因此一个良好的数据描述是质量控制的基础。

2. 数据获取

数据获取是数据实际积累和完善的过程。数据生产者通过借助仪器设备、辅助工具等对数据客体进行实验和观察后，获取数据。数据获取是与多方面的因素直接相关的，所以这些直接相关的因素都不同程度地对数据的质量状况造成影响，如观察客体的环境和状态、仪器设备、辅助工具、观测人员素质等。为了能够保证在数据获取阶段的数据质量，应当在相关的因素上采取相应的措施来保证质量。

3. 数据管理

数据管理是数据获取后，对数据进行存储管理、维护，并保证安全的各项活动。存储介质、环境都是和数据的质量紧密相关的，所以在该阶段应该关注其存储介质、环境等对质量的影响。数据管理还包括保护数据安全，在这一阶段，质量的控制和保证应当重点关注存储介质、环境及管理系统的安全性、可访问性等因素。

4. 数据应用

数据应用阶段是将数据深加工后，具体满足用户需求、实现数据价值的过程。在该阶段应该保证数据本身及其所产生的信息内容的正确、客观、完整。所以在此阶段，数据所产出信息的可信性、客观性是质量控制和保证的主要因素。

（二）数据质量控制过程

数据产品的质量控制分成前期控制和后期控制两个大部分。前期控制包括数据录入前的质量控制、数据录入过程中的实时质量控制，后期控制为数据录入完成后的后期处理质量控制与评价。

依据建库流程可分为下列几项内容：

（1）前期控制。

（2）过程控制。

（3）系统检测。

（4）精度评价。

第六章　数据挖掘

第一节　概述

一、数据挖掘的定义

关于数据挖掘有很多相近的术语，如数据库中的知识发现、知识挖掘、知识提取、数据模式分析、数据考古、数据融合等。其中，最常使用的是数据挖掘和知识发现，并且两者在使用中常常不加区分。就术语的使用情况看，在2012年数据尚未被广泛关注之前，人工智能领域主要使用知识发现，而数据库领域和工业界主要使用数据挖掘，市场上的绝大部分产品也称为数据挖掘工具。非知识发现工具在数据受到广泛关注之后，数据挖掘被更加广泛地使用，其他术语的使用越来越少。

相较于其他数据挖掘定义，本书的定义给出了数据挖掘的核心："大量"和"寻找"，而对挖掘到的"规律"没有做任何描述和限制，即没有要求"规律"是"有用的"。事实上，一个规律有用与否是由用户的需求决定的。挖掘算法本身很难保证挖掘结果的有用性，一般需要用户在挖掘过程中不断调整相关参数（如支持度、置信度等）来获得有用的结果。有时，一些被认为是"无用"的结果经过评价后可能是意外的好结果。

本书采用的数据挖掘定义：数据挖掘是指从数据集中寻找其规律的技术。

我们将"数据集"强调为数据挖掘的对象。需要注意的是，在数据挖掘中，"寻找"变得更具挑战性，因为数据具有高价值、低密度的特性，即规律不是显而易见的，而是隐含在数据之中，需要用新的方法和技术去寻找。同样地，对挖掘到的"规律"没有做任何描述和限制，数据的价值是更加难以估量的，需要在数据的应用中去实现。

二、数据挖掘的任务

数据挖掘在自身发展的过程中，采用了数理统计、数据库和人工智能中的大量技术。从挖掘的主要任务角度看，数据挖掘任务仍然包含传统的五大类数据挖掘任务。但是，从技术角度看，针对数据集的特点、数据应用的需求，每一类任务都有扩展。以分类分析任务为例，分类分析是一种有监督的（或半监督的）挖掘技术，即需要有标签的训练集以指导分类模型的构建。在数据环境下，我们拥有多源融合的、规模巨大的数据集，为数据挖掘积累了更丰富的数据基础。但是，现实情况是集中的数据更多是没有经过专家打好标签的。例如，高血压危险因素分析中，包含有大量因为没有出现高血压症状而没有就医的人群，而其健康档案记录和其他就医记录中已隐藏了潜在的高血压危险因素。这需要有新的数据分类方法，在训练过程中综合利用较少的有标签样本和较多的无标签样本进行学习，降低对数据进行人工标注的昂贵开销，这就是新的分类分析任务。

需要说明的是，无论数据挖掘技术如何发展变化，相似性依然是数据挖掘技术的核心。在关联分析中，频繁挖掘模式可能涉及模式间的模糊匹配，这需要定义模式间的相似性度量；聚类分析的关键是定义对象间的相似性，以及探索簇间对象的相似性，因为聚类分析是根据对象之间是否相似来划分簇的；分类分析也是基于相似对象赋予同一类标签的思想，对数据对象进行分类的；异常分析虽然是找到相异大部分数据对象的少部分数据对象，但是，如何判断少部分对象不同于其他对象，这也离不开相似性；特异群组分析仍然是基于对象是否相似而开展的，只是目的是发现那些不同于大部分不相似对象的相似对象的集合；演变分析本身就是发现时间序列中有相似规律的片段用以预测，这也需要相似性的支撑。可以看到，相似性是任何一种数据挖掘任务的核心。关于相似性已经有很多研究。然而，相似性总是根据应用场景、用户需求的差异而有所不同，这就形成了目前还没有一种相似性度量能够适用于任何场合的现象。因此，我们会看到每一种数据挖掘任务都有许多种挖掘算法，尤其是聚类分析。

三、数据挖掘的相关技术

（一）数据存储与管理

传统的计算机系统和数据库无法处理数据，因为它们只能运行在一些小的计算机集群上（不超过 100 台），并且这些系统非常昂贵，往往需要一些特殊的硬件支持。与传统的计算机集群或是超级计算机的最大不同之处在于，这种架构的底层是由大量商用计算机（可能多达几千台）组成的。每一台计算机都称为一个节点（node）。节点放置在机架（rack）上，每一个机架包含 30~40 个节点，节点之间通过高速网络连接，在机架内外进行切换。数据分布式地存储在这些节点上，通过分布式的数据存储与管理系统统一管理。

（二）数据可视化

数据可视化能帮助我们更好地理解数据，从中发现有意义的性质或模式。例如，通过对零售业务数据的可视化也许可以发现用户购买行为的变化趋势。然而，数据的庞大数据量也是对可视化技术的挑战。数据可视化需要实时处理，这样才能让用户与可视化界面进行交互（如放大/缩小）。并且，在屏幕上展示大量目标也是很困难的。接下来，我们将对此问题提出一些解决方法。

第一种方法是使用降维技术降低数据的维度。数据通常是超高维的，而大多数可视化技术只能支持二维或三维数据。有很多种数据降维的方法，如主成分分析（PCA）、奇异值分解（SVD）。PCA 从数据中找到方差最大的方向，然后将高维数据投影到这些维度上。

第二种方法是将数据分类到多个簇，然后只展示每个簇的中心，而不是展示所有数据。

前两种解决方法通过数据计算框架（如 Hadoop 和 Map Reduce）都可以离线完成。

第三种方法发现可视化技术并不需要高精度的计算，因为通常情况下屏幕分辨率要比计算的精度低得多，Choo 等由此提出了一系列解决方法。方法之一是使用迭代的交互式可视化。例如，假设用户希望利用 k-means 算法对数据进行聚类并对结果可视化，k-means 算法采用迭代式过程，每一轮迭代各个数据点都被赋予最近的簇，然后新的簇中心被计算出来。通常做法是在整个数据集上运行 k-means 算法，然后进行可视化。然而，绝大部分簇的变化过程都发生在最初的几轮迭代，因而可以在 k-means 算法每轮迭代结束时对各个簇进行可视化，当簇的中心不再明显改变时停止算法。这种方法可以节省 k-means 算法的大量时间，并且使用户可以尽早看到可视化的结果。

第二节　数据预处理

一、数据预处理的重要性

数据预处理是数据挖掘（知识发现）过程中的一个重要步骤，尤其是在对包含有噪声、不完整，甚至是不一致数据进行数据挖掘时，更需要进行数据的预处理，以提高数据挖掘对象的质量，并最终达到提高数据挖掘所获模式知识质量的目的。

二、数据清洗

现实世界的数据常常是有噪声的、不完全且不一致的。数据清洗例程通过填补遗漏数据、消除异常数据、平滑噪声数据，以纠正不一致的数据。以下将详细介绍数据清洗的主要处理方法：

（一）遗漏数据处理

1.忽略该条记录

若一条记录中有属性值被遗漏了，则将此条记录排除在数据挖掘过程之外。尤其当类别属性的值没有而又要进行分类数据挖掘时。当然这种方法并不是很有效，尤其是在含有属性遗漏值的记录比例较大时。

2.手工填补遗漏值

一般来讲，这种方法比较耗时，而且对于存在许多遗漏情况的大规模数据集而言，可行性较差。

3.利用缺省值填补遗漏值

对一个属性的所有遗漏的值，均利用一个事先确定好的值来填补，如都用OK来填补。但当一个属性遗漏值较多时，采用这种方法，就可能误导挖掘进程。

4.利用均值填补遗漏值

计算一个属性（值）的平均值，并用此值填补该属性所有遗漏的值。

5.利用同类别均值填补遗漏值

这种方法常在进行分类挖掘时使用。如若要对商场顾客按信用风险（cred-it_risk）进行分类挖掘时，就可以用在同一信用风险类别下（如良好）的 income 属性的平均值，来填补所有在同一信用风险类别下属性"income"的遗漏值。

6.利用最可能的值填补遗漏值

可以利用回归分析、贝叶斯计算公式或决策树推断出该条记录特定属性的最大可能的取值。

（二）噪声数据处理

1.Bin 方法

Bin 方法通过利用相应被平滑数据点的周围点（近邻），对一组排序数据进行平滑。排序后数据分配到若干桶（称为 buckets 或 bins）中。此外，Bin 方法也可以用于属性的离散化处理。

2. 聚类方法

通过聚类分析可帮助发现异常数据。道理很简单，相似或相邻近的数据聚合在一起形成了各个聚类集合，而那些位于这些聚类集合之外的数据对象，自然而然就被认为是异常数据。

3. 人机结合检查方法

通过人与计算机检查相结合的方法，可以帮助发现异常数据。这种人机结合检查方法比单纯利用手工方法手写符号库进行检查要快许多。

4.回归方法

可以利用拟合函数对数据进行平滑。如借助线性回归方法，包括多变量回归方法，就可以获得多个变量之间的一个拟合关系，从而达到利用一个（或一组）变量值来预测另一个变量取值的目的。利用回归分析方法所获得的拟合函数，能够帮助平滑数据并除去其中的噪声。

（三）不一致数据处理

现实世界的数据库常出现数据记录内容的不一致，其中一些数据不一致可以利用它们与外部的关联手工加以解决，如输入发生的数据录入错误一般可以与原稿进行对比来加以纠正。此外，还有一些例程可以帮助纠正使用编码时所发生的不一致问题；知识工程工具也可以帮助发现违反数据约束条件的情况。由于同一属性在不同数据库中的取名不规范，常常使得在进行数据集成时，导致不一致情况的发生。

第三节 计算机与数据挖掘

一、计算机数据挖掘的概念

计算机数据挖掘技术实际上就是从大量的数据中挖掘出对自己有用的、有趣的知识。这些数据都是已知的，目前这一技术被广泛地应用在商业领域，它在商业中的主要意义是从大量的商业相关数据中通过构建模型、分析等方法，来提取一些对商业管理者有用的信息，以此来帮助管理者做出相应的决策。

二、计算机数据挖掘技术的历史发展

在 20 世纪下半期，由于全球多门学科的综合发展，使需要储存及利用的数据越来越多。随着数据库的兴起和发展，不论是商业领域还是行政领域等对于数据的要求已经不仅仅是发现和查找这么简单了，更多的是需要对数据的深层挖掘从而获得数据背后隐藏的一些信息。在同一时间内计算机也得到了飞速的发展，人们对这两项技术的结合进行研究，从而产生了知识发现这一新的技术手段。数据挖掘便是知识发现中最核心的部分。到了近些年，由于网络的飞速发展，数据挖掘技术也被应用于各行各业，逐步发展成熟起来了。

三、计算机数据挖掘技术的应用

数据挖掘技术从一开始就是面向应用的。数据挖掘技术应用范围很广，有大量数据的地方就有数据挖掘的用武之地。目前，企业界把数据挖掘应用到许多领域，如营销、财务、银行、制造厂、通信等。

（一）科学研究

从科学研究方法学的角度看，科学研究可分为三类：理论科学、实验科学和计算科学。计算科学是现代科学的一个重要标志。计算科学工作者主要和数据打交道，每天要分析各种大量的实验或观测数据。随着先进的科学数据收集工具的使用，如观测卫星、遥感器、DNA 分子技术等，传统的数据分析工具无能为力，因此必须有强大的智能型自动数据分析工具才行。

数据挖掘在天文学上有一个非常著名的应用系统 SKICAT。它是美国加州理工学院喷气推进实验室（设计火星探测器漫游者号的实验室）与天文科学家合作开发的用于帮助天文学家发现遥远的类星体的一个工具。SKICAT 既是第一个获得成功的数据挖掘应用，也是人工智能技术在天文学和空间科学上的第一批成功应用之一。利用 SKICAT，天文学家已发现了 16 个新的极其遥远的类星体，该项发现能帮助天文工作者更好地研究类星体的形成以及早期宇宙的结构。

数据挖掘在生物学上的应用主要集中于分子生物学，特别是基因工程的研究。基因研究中，有一个著名的国际性研究课题——人类基因组计划。据报道，1997 年 3 月，科学家宣布已完成第一步计划：绘制人类染色体基因图。然而这仅仅是第一步，更重要的是对基因图进行解释从而发现各种蛋白质（有 10000 多种不同功能的蛋白质）和 RNA 分子的结构和功能。近几年，通过生物分子序列分析方法，尤其是基因数据库搜索技术已在基因研究上有了很多重大发现。

（二）产品制造

随着现代技术越来越多地应用于产品制造业，制造业已不是人们想象中的手工劳动，而是集成了多种先进科技的流水作业。在产品的生产制造过程中常常伴随有大量的数据，如产品的各种加工条件或控制参数（如时间、温度等控制参数），这些数据反映了每个生产环节的状态，不仅为顺利生产的进行提供了保证，而且通过对这些数据的分析，研究产品质量与这些参数之间的关系。这样通过数据挖掘对这些数据的分析，可以对改进产品质量提出针对性很强的建议，而且有可能提出新的更高效节约的控制模式，从而为制造厂家带来极大的效益。这方面的系统有 CASSIOPEE（由 Acknosoft 公司用 KATE 发现工具开发的），已用于诊断和预测在波音飞机制造过程中可能出现的问题。还有 LTV Steel Corp，它是美国第三大钢铁公司，使用数据挖掘来检查潜在的质量问题，使得公司的劣质品减少 99%。

（三）市场营销

数据挖掘技术在市场营销中的应用是数据挖掘目前最成功的商业应用之一，主要包括客户分析（包括客户行为分析、客户流失分析和客户的忠诚度分析等）、产品分析（包括购物篮分析、市场预警和进行描述式数据挖掘等）、促销分析以及改进企业市场预测机制等方面。

在客户分析方面，我们希望找出客户的一些共同的特征，希望能借此预测哪些人可能成为我们的客户，从而帮助营销人员找到正确的营销对象。数据挖掘可以从现有客户数据中找出他们的特征，再利用这些特征到潜在客户数据库里去筛选出可能会成为客户的名单，作为营销人员推销的对象。这种基于数据挖掘的营销对我国当前的市场竞争具有启发意义，我们经常看到熙熙攘攘的大街上一些厂家的营销人员对来来往往的行人不分对象地散发商品宣传广告，其结果是资料被不需要的人随手丢弃，而需要的人并不一定能轻松得到。如果家电维修服务公司向在商店购买家电的消费者邮寄维修服务广告，药品厂商向医院特定门诊就医的病人邮寄药品宣传资料，可以降低一定成本，也可以提高营销的成功率。

产品分析中的购物篮分析主要是用来帮助零售从业人员了解客户的消费行为，比如哪些产品客户会一起购买，或是客户在买了某种产品之后，在多长时间内会买另一种产品等。利用数据挖掘，可以帮助确定商店货架的布局摆放以促销某些商品，并且在进货的选择和搭配上也更有目的性。市场预警分析主要是对市场中出现的大量数据，通过数据挖掘发现某产品在地区销售异常或对某客户销售异常提出警告信息。

（四）客户管理

客户关系的管理是数据挖掘的另一种常见的应用方式。客户管理要实现三个基本目标，即如何获取客户、如何留住客户、如何极大化客户价值等。在这种情况下，对客户数据进行深度分析就具有了直接而现实的意义。比如通过分析客户的行为，可以看出客户是不是准备要转向竞争对手。数据挖掘中的前后行为分析功能可以让我们在一些原本是我们的客户，后来却转而成为我们竞争对手的客户群中分析他们在转向期间的行为特征，再根据这些特征从现有客户数据中找出有可能转向的客户，然后公司必须设计出一些方案将他们留住，因为毕竟找一个新客户的成本要比留住一个原有客户的成本高出许多。

目前，国外大部分具有一定规模和市场占有率的企业都已经建有自己的CRM系统，并通过实践不断地完善其客户分析管理模型，通过与大学、研究机构、软件开发商合作不断采用数据挖掘领域的新技术、新算法，提高客户数据分析的效率和模型的精确度，在这点上要领先国内10年左右的时间。

（五）金融投资

典型的金融分析领域有投资评估和股票交易市场预测，分析方法一般采用模型预测法（如神经网络或统计回归技术）。由于金融投资的风险很大，在进行投资决策时，更需要通过对各种投资方向的有关数据进行分析，以明确最佳的投资方向。目前，国内有很多进行股票分析的软件，并且定期有专家进行股票交易预测，这些人工的预测一般是根据自己的经验再通过对已有的股票数据的分析而得到的，由于是人工处理，很难对大量的股市数据进行分析。无论是投资评估还是股票市场预测，都是对事物发展的一种预测，而且是建立在对数据的分析基础之上的。数据挖掘可以通过对已有数据的处理，找到数据对象之间的关系，然后利用学习得到的模式进行合理的预测。

（六）Internet 的应用

Internet 的迅猛发展，尤其是 Web 的全球普及，使得 Web 上信息量无比丰富，Web 上的数据信息不同于数据库。数据库有规范的结构，如关系数据库的二维表结构。毕竟数据库的创建是为了机器可读，因此有统一的格式，它是一种结构化的文件。Web 上的信息则不然，主要是文档，它的初始创建目的是为了人类使用。文档结构性差，好者半结构化，坏者如纯自然语言文本则毫无结构。因此 Web 上的开采发现需要用到不同于常规数据库开采的很多技术。下面将从信息发现和用户访问模式发现两个不同的 Web 开采任务角度对这方面工作的研究现状进行评述。

Web 信息发现也称信息搜索或查询，它的一般过程是：用户向系统提出查询条件，系统调用搜索引擎开始工作，然后把搜索结果提交给用户。根据用户希望查找的对象可分为两种：资源发现和信息提取。前者目的在于根据用户要求找出有关的 Web 文档位置；后者则是能自动从有关文档中抽取出满足用户需要的信息。

资源发现本质上是网上搜索，关键在于自动生成 Web 文档的索引。典型的索引生成系统它们能对上百万数量的 Web 文档进行索引，文档中的每个单词的倒排索引均保存起来，技术上类似全文检索。用户通过输入关键词就能对所有建了索引的文档进行检索。目前在用的索引系统有十几种。用户输入同样的关键词在不同的索引下可能会得到不同的返 PI 结果，为了提高搜索的准确度，研究人员又开发了一种建立在上述索引系统之上的高层系统 Meta Crawler，它能把用户输入的关键词同时提交给 9 种不同的索引系统，然后研制新的更好的索引系统、利用已有索引系统或搜索引擎开发高层次的搜索或发现系统，相比之下，后者的研究更为活跃。从技术上看，自动文档分类或归类方法将对这方面的研究有很大帮助。

用户使用 Web 获取信息的过程中需要不停地从一个 Web 站点通过超文本链接跳转到另一个站点，这种过程存在一定的普遍性，发现此规律即是 Web 用户访问模式发现。这是一种完全不同于上述所讲的资源发现的任务。理解 Web

上的用户访问模式有这些好处：辅助改进分布式网络系统的设计性能，如在有高度相关的站点间提供快速有效的访问通道；能帮助更好地组织设计 Web 主页；帮助改善市场营销决策，如把广告放在适当的 Web 页上来更好地了解客户的兴趣。

（七）欺诈甄别

近年来，电话公司、信用卡公司、保险公司、股票交易商等对于欺诈行为的检查都很有兴趣，这些行业每年因为欺诈行为造成的损失都非常严重，对这类诈骗行为能够进行预测，哪怕是正确率很低的预测，都会减少发生诈骗的机会，从而减少损失。进行诈骗辨别主要是通过总结正常行为和诈骗行为之间的关系，得到诈骗行为的一些特性，这样，当某项业务符合这些特征时，可以向决策人员提出警告。如这方面应用非常成功的 FALCON 系统。FALCON 是 HNC 公司开发的信用卡欺诈估测系统，它已被相当数量的零售银行用于探测可疑的信用卡交易。

（八）军事领域

随着以现代信息技术为核心的高新技术在军事领域的广泛应用，数据挖掘在军事领域的作用也更加重要。数据挖掘是未来信息战争中掌握信息化优势、牢牢掌握战争主动权的得力工具。具体来讲，在作战过程中，使用数据挖掘技术可以帮助指挥员快速获取相关信息，数据挖掘能发现战争中已有事件与新近事件间的联系，并通过已知事件推导未来事件，预测将要发生的事件，使指挥员能透过纷繁复杂的环境和瞬息万变的态势，清醒地察觉所处的战场形势，迅速制订作战计划，发挥战场的决策优势和行动优势。不仅如此，运用数据挖掘技术，还可以发现隐藏在大量信息背后的事实，进而预测可能发生的危机，从而保证在战略上高瞻远瞩，在战术上先发制敌。数据挖掘技术不仅应用在战场上，平时，它的应用对部队的信息化建设也起到事半功倍的效果，在平时若利用数据挖掘技术对军事历史数据进行挖掘，也可挖掘出敌方作战资源的配置和使用的规律和趋势，增强对敌我双方现有作战能力的认知，制订合理的作战方案。

第七章 大数据与人工智能

第一节 人工智能的概述与研究

一、人工智能的基本概念

人工智能是利用数字计算机或者数字计算机控制的机器模拟、延伸和扩展人的智能，感知环境、获取知识并使用知识获得最佳结果的理论、方法、技术及应用系统。

人工智能的定义对人工智能学科的基本思想和内容做出了解释，即围绕智能活动构造的人工系统。人工智能是知识的工程，是机器模仿人类利用知识完成一定行为的过程。根据人工智能是否能真正实现推理、思考和解决问题，可以将人工智能分为弱人工智能和强人工智能。

二、人工智能研究的特点

从上面的讨论中可以看到，人工智能是一门综合性很强的学科，它涉及众多不同的学科，整合了这些学科的思想和技术。人工智能又是一门实践性很强的学科，这可以从人工智能的研究目标看出来。同时人工智能也是具有广泛应用领域的学科。

人工智能研究的第一个原因是理解智能实体，为了更好地理解我们自身。但是这和同样也研究智能的心理学和哲学等学科不一样，人工智能努力建造智能实体并且理解它们。第二个原因是人们所构造的这些实体在我们看来非常有意义，即使是在人工智能的早期阶段，人们也开发出了很多有意义的系统。虽然没有人能够对未来进行准确的预测，但是有一点可以肯定：具有人类智能层次的（或更好的）计算机将会对我们的日常生活和人类文明的未来发展产生很大影响。第三个原因是仿制出一些具有人类智慧（能）特点的机器（或机制），以代替人类做一些重复性的工作，特别是代替人类从事一些特殊场所、危险场所或人类目前无法到达的场所的工作。

尽管人工智能涉及多个学科，从这些学科中汲取了大量的知识、理论，并取得了一定的应用成效，但是人工智能还属于不成熟的学科，与人们的希望以及与人类自身的大脑结构和组织功能都有很大的差距，研究表明，大脑大约有1011个神经元，并按并行分布式方式工作，具有较强的演绎、联想、学习、形象思维等能力，可以对图像、图形、景物凭直觉、视觉等快速响应和处理，而传统的计算机在这方面的能力却非常弱。从目前的条件看，只能依靠智能程序来提高现有计算机的智能化程度。

人工智能系统推理机制的研究和传统的计算机程序设计研究在很多方面有所不同。从研究对象上看，人工智能系统的第一个特点是以符号表示知识，并且以知识为主要研究对象，而传统的程序是以数值为研究对象的，这说明了知识在人工智能中的重要性。知识是一切智能系统的基础，任何智能系统的活动过程都是一个获取知识、运用知识以及提炼新知识的过程，智能系统的第二个特点是采用启发式的推理方法而不是常规的算法。启发式方法是利用问题本身来指导问题的求解过程，提高问题求解的效率。智能系统的第三个特点是控制结构和领域知识是分离的。第四个特点是允许出现不正确的答案。因为智能系统一般应用在知识不一定准确的问题中，这样就可能出现在目前已知情况下不正确的结果。

三、人工智能的研究途径

（一）符号主义学派

符号主义学派又称为逻辑主义学派、心理学派或计算机学派等，其理论基础是物理符号系统假设和有限合理性原理。

著名哲学家瑟尔认为，思考仅发生在那些十分特殊的机器上，即有生命且由蛋白质构成的机器上。这一观点指出了智能的存在依赖于类似人类一样的生理机能，与瑟尔的观点相反，纽厄尔和西蒙提出了物理符号系统假设：物理符号系统具备必要且足够的能力来表现普通的智能行为。所谓符号就是模式，任何一个模式，只要它能够和其他模式相区别，它就是一个符号，不同的英文字母就是符号。对符号进行操作就是对符号进行比较，即找出哪几个是相同的符号，哪几个是不同的符号。物理符号系统的基本任务就是辨认相同的符号和区分不同的符号。

（二）联结主义学派

以网络联结为基础的联结主义是近年来研究得比较多的一种方法，也是属于非符号处理方法。

联结主义学派的代表性成果是 1943 年麦卡洛克盖尔和皮茨提出的一种神经元的数学模型，即 M-P 模型，并由此组成一种反馈网络。可以说 M-P 是人工神经网络最初的模型，开创了神经计算的时代，为人工智能创造了一条用电子装置模拟人脑结构和功能的新的途径，从此之后，神经网络理论和技术研究的不断发展，并在图像处理、模式识别等领域实现重大突破，为实现联结主义的智能模拟提供了条件。

第二节　人工智能相关学科

一、人工智能的研究范畴

（一）机器学习

在人工智能所涉及的领域中，机器学习在这里需要特别指出来。所谓机器学习就是指让计算机能够像人一样自动地获取知识，并在实践中不断地完善自我和增强能力。机器学习是机器具有智能的根本途径，只有让计算机系统具备类似人的学习能力，才有可能实现人工智能的最终的研究目标，即发明出人工智能人。所以，机器学习便成为人工智能研究的核心问题之一，同时也是目前人工智能理论研究和实际应用遇到的主要瓶颈之一。

例如，通过一个孩子向其母亲学习发音的过程可以说明学习的基本概念，孩子的听力系统听到"我"的发音并试图去模仿该发音，母亲的发音和孩子的发音的不同，这称为误差（error）信号，孩子的学习系统会通过听觉神经感受到该误差信号，然后由学习系统产生刺激信号，以纠正孩子的发音。该过程会一直进行下去，直到误差信号很小或可以接受。声音系统每次都会经过一个调整循环周期，孩子发出"我"的时候舌头的位置会由学习过程保留下来。

上面的这种学习过程就是所谓的有参学习，一门适应的学习系统自动地调控孩子的声音系统的参数，以保证和"样本训练模式"一样或接近。我们知道，人工神经网络是用电子信号模拟生物神经系统，由于它不断地应用于有监督的或有参的学习问题中而变得越来越重要。除此以外，还有一些重要的学习方法，如归纳学习、类比学习、发现学习等。归纳学习中，学习者从一些实例中归纳总结，得出结论，如 AQ 算法、ID 算法等；类比学习是通过目标对象与源对象的相似性，应用源对象的求解方法来解决目标对象的问题；发现学习是根据实验数据或模型重新发现新的规律的方法。

近年来，随着 Internet 的发展和信息量的剧增，数据库知识的发现引起了人们极大的关注。数据库知识发现主要是发现分类规则、特性规则、关联规则、差异规则、演化规则、异常规则等。目前数据库知识发现已经成为机器学习中的一个重要的分支。如何从数据仓库包含的大量数据中发现和获取隐含的知识，是机器学习领域面临的重大挑战，也给机器学习技术的实用化带来了新的机遇。

（二）逻辑程序设计

一个多世纪以来，数学家和逻辑学家一直在设计各种工具，试图用符号、操作符表示逻辑语句。其中一个成果就是命题逻辑，另一个成果就是谓词逻辑。基于谓词逻辑的程序被称为逻辑程序，PROLOG 是支持逻辑程序设计的著名的语言。最近逻辑程序设计被认为是人工智能研究中主要的研究领域之一，其研究的最终目标就是扩充 PROLOG 编译器，支持空间—时间模型和并行程序设计。日本的第五代计算机计划，也使得建造适合于 PROLOG 机器的体系结构在过去 20 年里成了热门的研究课题。

（三）软计算

到目前为止，关于什么是软计算，还没有公认的定义，但是通常大家把模糊计算、神经计算、进化计算作为它的三个主要的内容。泽德赫教授认为，软计算是"计算的工程方法，它对应于在不确定和不精确的环境下，人脑对于推理和学习的巨大的能力，根据应用领域的不同，这些工具可以独立使用，也可以联合在一起使用"。目前，软计算主要的问题是算法的"可扩展性"和"可理解性"问题，即所给的算法对处理海量数据是否有效，以及由所给的算法得来的规则对人来说是否易于掌握。

下面对几种主要的工具进行简要介绍。

1. 模糊逻辑

模糊逻辑处理的是模糊集合和逻辑连接符，以描述现实世界中类似人类所处理的推理问题。和传统的集合不同，模糊集合包含论域中所有的元素，但是还具有 [0，1] 区间的可变的隶属值。模糊集合最初由扎德教授在系统理论中提出，后来又扩充并应用于专家系统中的近似计算。对模糊逻辑做出贡献的主要有：特纳长在控制系统稳定性分析方面的了解，屈达尼的水泥窑控制，科斯科等的模糊神经网络，我国汪培庄教授的真值流推理、因素空间模型，等等。

2. 人工神经网络

典型的生物神经元的电子模型由一个线性触发器（activator）和一个非线性的抑制（1n-hibiting）函数组成。线性触发器生成输入激励的权重和，非线性抑制函数得到该和的信号级别，因此由电子神经元产生的结果信号是有限度的（幅度上的限制）。人工神经网络是这种电子神经元的集合，它们之间可以连接成不同的拓扑结构。人工神经网络最通常的应用是机器学习。在学习问题中，权重和或非线性函数需要经过自适应的调整周期，更新网络的这些参数，直到达到一个稳定状态，这些参数不再更改。人工神经网络支持有监督和无监督的机器学习。基于神经网络的有监督学习算法已成功地应用于控制、自动化、机器人、计算机视觉等领域，基于人工神经网络的无监督学习算法也已成功应用于调度、知识获取、规划、数据的数字和模拟转换等领域。

3. 遗传算法

遗传算法是一种随机算法，它是模仿生物进化的"优胜劣汰"自然法则及进化过程而设计的算法。它基于达尔文的进化论，存在于物种自然选择过程中，其基本信念是适者生存。遗传算法最初是在 1967 年提出的，近年来，陆续有人在这方面进行研究，特别是 1975 年霍兰德出版的著作《自然与人工系统中的适应》，对遗传算法的理论和机理做了出色的工作，奠定了遗传算法的理论基础，如今，遗传算法在众多领域已得到了广泛的应用，如在智能搜索、机器学习、组合优化问题（TSP 问题、背包问题）、规划（生产任务规划）、设计（通信网络设计）以及图像处理和信号处理等领域中得到了应用。

在遗传算法中，问题的状态一般用染色体表示，通常表示为二进制的串。遗传算法中最常用的操作是杂交（crossover）和变异（mutation）。遗传算法的进化周期由下面 3 个阶段组成。

（1）群体（population）的生成（用染色体表示问题的状态）。

（2）先杂交然后变异的遗传进化。

（3）从生成的群体中选择一个更好的候选状态。

在上述循环中，第一步确定一些初始问题状态，第二步通过杂交和变异过程生成新的染色体，第三步是从所产生的群体中选择固定数量的更好的候选状态。上述过程需要重复多次，以获得指定问题的解答。

不精确和不确定的推理：在很多典型的 AI 问题中，如推理和规划，其数据和知识常常包含着各种形式的不完全性。数据的不完全称为不精确（Imprecision），常常出现在数据库中，一般原因有二：①缺少适当的数据；②信息源的真实性不好。知识的不完全性常常称为不确定性（uncertainty），一般出现在知识库中，原因是缺少知识的可信度。数据不精确和知识不确定的推理是一个复杂的问题，目前已经有了很多关于不精确或不确定的推理工具和技术，如采用随机过程、模糊、信念网络等技术的方法。在随机推理模型中，系统可以从一个给定的状态转换到多个状态，从给定状态转换到多个状态的概率之和严格地为 I（Unity），另外，在模糊推理系统中，从给定状态转换到下一个状态的隶属函数值之和可能大于或等于 I。信念网络模型对嵌入在网络中的事实更新其随机/模糊赋值,直到满足某个平衡条件,这些信念不再变化为止。最近,模糊工具和技术已经成功地应用于一种特殊的信念网络,称为模糊网络。该网络可用一种统一的方法处理数据的不精确和知识的不确定。

二、人工智能技术的应用

当前,几乎所有的科学与技术的分支都在共享着人工智能领域所提供的技术和工具。

(一)图像理解和计算机视觉

一个数字图像可以被认为是一个包含有灰度级别的二维像素矩阵,这些灰度对应于摄像机接收到的放射光线的强度。为了对某个图像进行解释,该景象的图像需要通过三个基本的处理过程:低级、中级、高级视觉处理(Vision)。低级别处理主要是对图像进行预处理,以过滤掉噪声;中级处理是对细节的增强和分区(把图像分成多个感兴趣的目标区域);高级处理包括三步,即从划分的区域中识别目标、标记该图像及对图像进行阐释。很多 AI 工具和技术都可以用在高级视觉处理系统中。从图像中识别目标可以通过模式分类技术实现,目前该技术可以由有监督的学习算法实现。另外,对图像的解释过程也需要基于知识的计算。

(二)语音和自然语言理解

语音和自然语言理解基本上是两类问题。在语音分析中,主要问题是区分口语单词和音节,确定特征相似度及每个音节的主要和次要的频率。这样,该单词就可以由模式分类技术根据所提取的特征识别出来。目前,人工神经网络技术主要被用于单词的识别和分类。自然语言(如英语)理解问题包括文章中的句子、句子中的单词的句法分析和语义解释,它的研究起源于机器翻译。句法分析是根据句子的文法对其进行分析与编译的过程类似。句法分析之后的语义解释是根据单词之间的相互关系确定句子的意义,并根据句子的其他信息确定文章的意思。一个能够理解自然语言并能用自然语言进行交流的机器人,由于它可以执行任何口头命令,因此它将会具有广泛的应用。

（三）调度

在调度问题中，必须对一组事件的时间进行安排，以提高效率。例如在一个教师讲课安排教室问题中，教师在不同的时间被安排在不同的教室，一般学校都希望在大多数时间里大多数教室都在使用。

Flowshop 调度问题是一个 NP 完全问题以及优化调度的确定问题，因此是机器多少和任务大小的指数时间量级。最近有人采用人工神经网络和遗传算法来解决这类问题。启发式搜索也被用来解决这类问题。

（四）移动机器人的导航规划

移动机器人有时被称为自动导向车，这是一个很有挑战性的研究领域，在这里可以发现人工智能大量的应用，具有广泛的应用前景。一个移动机器人通常有一个或多个摄像头或超声感应器，可以帮助发现障碍物。在静态和动态环境中都存在有导航规划问题。在静态环境中，障碍物的位置是固定的，在动态的环境中障碍物可以以不同的速度向任意的方向移动。很多研究人员使用空间—时序逻辑解决静态环境中移动机器人的导航规划问题。对动态环境中的路径规划问题，遗传算法和基于神经网络的方法也取得了一定的成功。

（五）智能控制

在过程控制中，控制器是根据已知的过程模型和需要控制的目标而设计的：在设备的动态性并不完全已知的情况下，已有的控制器设计技术就不再有效，在这种情况下，基于规则的控制器比较合适。一方面，在基于规则的控制系统中，控制器由一组产生式规则实现，这些规则是由专家级的控制工程师给出的，规则的前件与设备的参数的动态变化相比较，如果匹配成功，则激活该规则。当有多个规则被激活时，控制器就需要一定的消解策略来消除冲突。另一方面，可能存在没有一个动态变化的参数和规则的前件精确匹配，这种情况可以采用近似匹配技术，如采用模糊逻辑。除了控制器设计以外，过程控制的另一个问题是设计评估程序（estimator）。对于一个同样的输入信号，当设备和评估程序都被激活的时候，它用来跟踪实际设备的反应。模糊逻辑和人工神经网络学习算法已经作为一个新的工具应用于设备的评估。

第三节　人工智能在各行业的应用概述

一、交通

人工智能应用于交通领域可以提高生产与交通效率，缓解劳动力短缺问题，达到安全、环保、高效的目的。其应用之一是自动驾驶，自动驾驶技术目前处于驾驶的 LV2—LV3 阶段，传统车企和互联网企业均在向高度或完全自动化方向突破，自动驾驶的方案商也在推动人工智能芯片、视觉、语音方案等方面的研发应用。

二、智能制造

智能制造是基于新一代信息通信技术与先进制造技术深度融合，贯穿于设计、生产、管理、服务等制造活动的各个环节，具有自感知、自学习、自决策、自执行、自适应等功能的新型生产方式。伴随年轻人从事重复性体力劳动的意愿降低的现状，相关领域的劳动力成本极速上升，工业制造领域互联网化、智能自动化设备的需求日益突显，为人类智能技术在该领域的研发落地提供了市场基础。

人工智能应用于工业领域，可以显著促进优化制造周期和效率，改善产品质量，降低人工成本。工业机器人是人工智能在工业领域的应用之一，工业机器人可以代替人类完成重复性、危险性的体力劳动，如完成焊接、组装、液体物质填充、涂胶、喷涂、搬运等作业。

三、医疗

在全世界范围内，专业高质量的医疗资源是稀缺的，在很多缺乏专科医生的相对贫困的地方，许多人对自己的疾病状况不了解；即使在相对发达的城市区域，由于城市人口多、人口老龄化、慢性病发病率增高等原因，病人数量庞大，而对应的专科医生供不应求，也使大量病人不能及时转诊就医，从而耽误就诊治疗的最佳时机。

目前，人工智能技术在智能诊疗、医疗机器人、智能影像识别、智能药物研发、智能健康管理等领域中均得到了广泛应用。

2012年，医疗与大健康领域人工智能创新公司不到50家，但截至2017年年初，已增加至106家（不包括跨界公司建立的内部人工智能研发部门）。我国政府部门也高度重视医疗人工智能的发展。

2017年2月，国家卫生和计划生育委员会发布四份医疗领域应用人工智能的规范标准，从国家层面鼓励人工智能在辅助诊断和治疗技术等应用领域的发展，同时为人工智能医疗的规模化应用提供了基础保障，中国阿里巴巴、腾讯等大型互联网企业也积极参与到医疗大脑采用深度学习的技术、人工智能医学影像等研究中。人工智能技术的应用不仅提高了医疗机构和人员的工作效率，降低了医疗成本，而且使人们可以在日常生活中科学有效地检测并预防、管理自身健康。

（一）人工智能辅助诊疗

人工智能医学影像以宫颈癌玻片为例，一张片上至少3000个细胞，医生阅读一张片子通常需要5~6分钟，但人工智能阅读后能圈出重点视野，医生复核则只要2~3分钟。一般来讲，具有40年读片经验的医生累计阅读数量不超过150万张，但人工智能却不会受此限制，只要有足够的观察样本，人工智能都可以学习。因此在经验上人工智能超过病理医生。

腾讯在2017年8月发布了其首款AI+医疗产品——"腾讯觅影"，可实现对食道癌、肺结节、糖尿病等多个病种的筛查，且保证高准确率，目前该产品已在全国超过100家三甲医院中被应用。

（二）人工智能健康管理

人工智能健康管理是以预防和控制疾病发生与发展，降低医疗费用，提高生命质量为目的，筛查健康及亚健康人群的生活方式相关的健康危险因素，通过健康信息采集、健康监测、健康评估、个性化监管方案、健康干预等手段持续加以改善的过程和方法。如爱尔兰创业公司努里塔斯将人工智能与生物分子学相结合，进行肽的识别，根据每个人不同的身体健康状况，使用特定的肽激活健康抗菌分子，改变食物成分，消除食物副作用，从而帮助个人预防糖尿病等疾病的发生。

此外，由于追踪活动和心率的可穿戴医疗设备越来越便宜，消费者现在可自己检测自身的健康状况。人们越来越多使用可穿戴设备意味着网上可以获取大量日常健康数据。大数据和人工智能预测分析师可在出现更多重大医疗疾病前持续检测并提醒用户。

第四节　大数据与人工智能的未来

一、人工智能对人类的影响

人工智能的广泛研究和应用已涉及人类的经济利益、社会作用、国防建设和文化生活等诸多方面，并且正在产生广泛和深远的影响。

（一）对经济的影响

人工智能的应用对经济产生了重大影响，已为人类创造了可观的经济效益。例如，专家系统的广泛使用便于长期和完整地保存人类专家的经验，使之延续而不受人类专家寿命的影响；由于软件的可复制性，使专家系统能广泛传授专家的知识和经验。就这方面来说，这是一笔巨大的财富。另外，在研究人工智能时开发出来的新技术，推动了计算机技术的发展，进而计算机为人类创造更大的经济效益。

（二）对社会的影响

人工智能的发展应用，给社会也带来了一系列的影响。如人工智能能代替人类进行各种脑力劳动和体力劳动，专家系统能代替管理人员或医生进行决策、诊断、治病，智能机器去担任医院的"护士"、旅馆和商店的"服务员"、办公室的"秘书"、指挥交通的"警察"等等。这些使劳务就业、社会人员结构发生变化，也引起人们的思维方式和思想观念等发生变化。此外，还可能出现技术失控的危险，有人担心智能机器人有一天会控制人类或威胁人类的安全，就像化学科学的成果被人用于制造化学武器、生物学的新成就被用于制造生物武器那样。总之，影响是多方面的。

（三）对文化的影响

人工智能对人类文化（如对人类的语言、知识及文化生活）都有不同程度的影响。例如，由于采用人工智能技术，综合应用语法、语义和形式知识表示方法，人类有可能在改善知识的自然语言表示的同时，把知识阐述为适用的人工智能形式，以利于描述人们生活中的日常状态和求解各种问题的过程，描述人们所见所闻的方法、信念，等等。人工智能技术亦为人类文化生活打开了许多新的窗口，如不断出现的智力游戏机就是很好的例证。

（四）对国防建设的影响

新技术的出现，往往在军事上得到应用。同样，人工智能技术在军事上得到广泛应用，对国防建设起着重大的影响。如军事专家系统、仿真模拟训练系统、军事作战决策系统等，对提高决策能力、训练质量、军事安全保密、节省国防开支、加强综合防御能力等都发挥了很大的作用。可以说，人工智能技术在军事上的应用水平是一个国家国防现代化的重要标志之一。

总之，人工智能技术对人类的社会进步、经济发展、文化提高和国防的加强都有巨大的影响。随着时间的推进和未来人工智能技术的进步，这种影响将会越来越明显地表现出来。

二、人工智能未来的发展与特点

人工智能的近期研究目标是建造智能计算机，用以代替人类从事脑力劳动，即使现有的计算机更聪明、更有用，使用更方便，服务更周到、工具更灵便，但人工智能的远期研究目标依旧是探究人类智能和机器智能的基本原理，研究用自动机器模拟人类的思维过程和智能行为。

（一）网络化时代人工智能的发展

现在人类正在进入信息化、网络化的时代，而现代电信网是信息社会的基础设施。那么，在网络时代人工智能又如何发展？总的来说，网络时代的人工智能的发展重点集中在智能的人机界面、智能化的信息服务、智能化的系统开发和支持环境等方面。

智能的人机界面，是实现智能化人机交互的需要。其发展方向：一是开发多模式的人机界面，使计算机能通过文件、图形、语音、姿态等多种模式进行交互，并能根据用户需要进行选择、组合和转换；二是开发目标导向的合作式的交互，在更高的层次上与计算机对话，即从用户叫怎么干就怎么干到只要提出干什么（目标），机器就能主动地去完成怎样干的问题；三是开发具有自适应性与沉浸感的交互，即为不同类型的用户提供不同的交互方式，并提供三维的物理实现和具有真实感的虚拟环境等。

智能化的信息服务，主要包括数据与知识的管理服务、集成与翻译服务、知识发现服务诸多方面。由于网络中存在各种异构的数据和以不同方法表示的知识，且规模巨大。因而需要人工智能中的依据语义的索引与查询方法，需要从形式到语义的互相翻译与集成。同时，随着数据与信息的大量增长，也开始要求机器能从中自动获取有用的知识，并保证它的一致性，这即是知识发现的任务。

智能化的系统开发与支撑环境，能够提供一种为制定系统技术指标、进行系统设计、修改和评价的智能化的环境和工具，如快速建立系统原型的工具、智能项目管理、分布式模拟与综合环境等，以使网络便于使用，并能开发出更多的应用系统。

总之，未来的计算机网络将是一个传感器密集、大规模并行的自治系统，它的"传感器"和"执行机构"分布在世界各地，不同用户的任务同时在网络上传送和加工处理，各种任务互相交互。解决这类系统的调节、控制与安全问题等均需新的概念和方法，这就需要开辟人工智能的新的研究领域，如利用人工智能技术与计算机病毒做斗争，又如利用人工神经网络，通过自主学习，自动识别新的病毒，利用基因分类器鉴别不同的病毒类型，通过自动免疫系统消除病毒等。

（二）未来人工智能发展的几个特点

1. 多种学科的集成化

未来人工智能技术将是多学科的智能集成，要集成的信息技术除数字技术外，还包括计算机网络、远程通信、数据库、计算机图形学、语音与听觉、机器人学、过程控制、并行计算、光计算和生物信息处理等技术。除了信息技术外，未来的智能系统还要集成认知科学、心理学、社会学、语言学、系统学和哲学等。未来新一代（亦称为第六代）计算机系统就计划由多种学科、多种技术及多种应用进行整合。要实现这个计划，当然要面临很多挑战，例如，创造知识表示和传递的标准形式，理解各个子系统间的有效交互作用以及开发数值模型与非数值知识综合表示的新方法，等等。

2. 方法和技术结合的多样化

未来 AI 智能技术的研究会将不同的方法和技术相结合，博采所长，产生新的技术和方法，这将大大提高求解问题的能力和效果。例如，人工智能与人工神经网络的结合，则是人工智能中两种研究方法的结合。因为人工智能主要模拟人类左脑的智能机理，而人工神经网络则主要模拟人类右脑的智能行为，人工智能和人工神经网络的有机结合就能更好地模拟人类的各种智能活动。如对于企业信誉评估、市场价格预测等应用，就可利用人工神经网络的优势，将一段时间以来顾客和业务的变化、利润的变化等数据输入神经网络，神经网络就能做出相当好的决策。而涉及行政法规、经营方针等与商业活动密切相关的信息，通常都是由符号表示的，这恰是专家系统善于处理的。在语音识别、图形与文字识别等领域，由于原始数据的非符号性与对识别结果理解的符号性，两者展现了相关结合的良好前景。又如人工智能和自动控制的结合，则是两种学科和技术的结合，产生的智能控制技术则获得了广泛的应用，并提供了广阔的发展前景。而不同领域的多个专家系统技术的结合，同样展现了广阔的应用前景。总之，不同领域的技术与方法的相互结合、互相渗透是未来发展的一大特点。

3. 开发工具和方法的通用化

由于人工智能应用问题的复杂性和广泛性，传统的开发工具和设计方法显然是不够用和不适用的，因此，人们期望未来能研究出通用的、有效的开发工具和方法。如高级的人工智能通用语言、更有效的人工智能专用语言与开发环境或工具、更新的人工智能开发机器等。在应用人工智能时，需要寻找和发现新问题分类与求解方法。通过研究开发工具和方法的通用化，使人工智能应用于更多的领域。

4. 应用领域的广泛化

随着人工智能的不断发展、技术的不断成熟，其应用的领域也日益广泛。除了工业、商业、医疗和国防领域外，在交通运输、农业、航空、通信、气象、文化、教学、航天、海洋工程、管理与决策、搏击与竞技、情报检索等部门，乃至家庭生活中都将获得应用。可以预言，人工智能、智能机器、智能产品一定会在更加广泛的领域中得到应用。

人工智能为什么具有这么大的吸引力？与其说是由于它的已有成就，不如说是由于它的潜在能力。专家们已经看到并做出大胆的预言，人工智能将使计算机解决那些人们至今还不知道如何解决的问题，将大大地扩充其用途，将带来诸多领域的更新换代和革命性的变化。也就是说，哪里有人类活动，哪里就将应用人工智能技术。

第八章 智能系统工程

第一节 系统工程

一、智能系统的现状及前景

智能系统由于它优异的智能性能和处理复杂环境的能力，目前已被许多领域作为极有前途的新型技术。目前主要的应用有工厂系统中的柔性制造系统（FMS）、计算机集成制造系统（CIMS）、计算机集成过程控制系统（CIPS），以及航天星际机器人、军用无人地面战车、水下机器人、无人飞机等。特别是在一些危险场合中操作，例如核电厂的废料搬运、有毒的化工场地作业，使用智能系统是比较理想的。美国航空航天局（NASA）做了一次火山探险试验：两个自主式机器人——搬运机器人和探险机器人合作，由搬运机器人从营地出发背上后者爬到火山口的边缘，然后由探险机器人沿绳索下至火山口内进行勘察和采样。虽然由于机械故障在返回时出了一些问题，但是本次实验仍被公认为是比较成功的一次试验。此外，在民用智能车辆系统中，智能系统也有它的用武之地。有人在普通的汽车中应用了自主式智能技术，结果该车在美国大陆的高速公路网中成功地从东部横跨到西部，而其中98%以上的驾驶过程是无人的。可以看出，智能系统的应用前景是十分广阔的。

在信息化时代里，智能系统在信息高速公路中可望得到新的用武之地。例如有人提出一种知识机器人：它们活动在网络之中，能感知网络中的信息交流状况，自动进行信息导流、故障诊断及修复等。这些思想还被用来开发网络"智能代理人"。所谓智能代理人是用户在网络世界中的"秘书",专门负责执行主人在网络中的有关任务,如搜索主人感兴趣的信息,或监测某个指定的课题是否出现了重大变化,或被授权在主人不在时进行一些交易活动(如联机购物、回答问题等)。这些代理人的重要特点是具有自主智能。一旦接收到命令,就会主动地去感知信息世界中的环境,寻找目标,执行任务;它们还能积累经验,自动适应环境的变化。在21世纪,这一类软性智能系统将发挥不可估量的作用。

二、智能化系统总体要求

(一)智能系统工程建设目标

智能系统工程建设目标,就是要应用信息化、网络数字化、自动化、智能化等现代科学技术,以现代系统工程管理理念为指导,采用科学的计划、组织、指挥、控制、协同和决策一体化系统工程管理模式,实现智能系统工程建设目标。具体包括如下几点:

(1)建设真正意义上的全数字化智能建筑;

(2)搭建智能化系统综合信息集成平台;

(3)应用智能化技术实现建筑技术节能,建设绿色环保和节能建筑;

(4)通过设计、系统设备选型、工程实施和系统运行管理,创建中国智能系统工程控制投资成本和提高系统运营效率的双效益经济型建筑;

(5)创建国家"数字化技术应用示范工程"。

(二)智能化系统设施运营管理目标

确定智能化系统设施运营管理目标,就是要将智能化系统建设和智能化系统运营管理结合起来。在智能系统工程建设阶段就要充分考虑和研究智能化系统建成后的系统与设施运营的效益和管理效率。遵循《建筑及住宅社区物业管理数字化技术应用》国家标准,制定详细且周密的物业与设施管理的细则和措施,充分发挥数字化与智能化系统技术应用和实现功能,为现代智能建筑在安全、舒适、便捷、高效、节能、环保等方面提供全面的支持。智能化系统设施运营管理具体目标如下:

（1）以提高智能化系统设施运营的效益和管理的效率为目标；

（2）以提高智能化系统设施运营完好率为目标；

（3）以降低智能建筑能耗和实现建筑技术节能为目标。

（三）智能系统工程工作流程

智能系统工程与通常的建设工程在工程实施和运作方面有显著的区别和特殊性。智能系统工程属于信息系统工程范畴，存在着与通常的建设工程不同的技术应用和实现功能，并且具有满足与建筑结构和使用功能相配合的要求。智能系统工程实施的难点如下：

（1）智能建筑体现了多元信息传输、监控和管理以及一体化系统集成综合数字化与智能化技术应用，因而对专业技术人力资源要求很高。

（2）建设单位对实施智能系统工程存在的风险没有足够的认识，对智能系统工程的特殊性和系统工程运作的特点不甚了解，对智能系统工程全生命周期在室外各个阶段工作的运作缺乏经验。

智能系统工程建设是一个大型电子系统工程，主要由四个工作阶段构成，即设计阶段、招投标阶段、工程实施阶段、系统运营管理阶段。四个工作阶段构成智能化系统的整体，对整个智能系统工程建设在建设目标、技术应用、实现功能、系统工程质量、系统工程工期等方面起着决定性作用。

第二节　智能系统工程的相关技术

一、智能化系统 IT&IB 技术应用原则

智能化系统 IT&IB 技术应用将综合采用国际上先进的互联网技术、控制网络技术、数字化应用技术、智能化应用技术、自动化控制技术、软件技术数据库技术和网络安全技术等主流科技，以及安全防范与反恐技术、建筑节能技术等专业科技。

智能化系统 IT&IB 技术应用应遵循以下原则：

第一，遵循《建筑及居住区数字化技术应用智能建筑设计标准》，以及系统工程设计、系统及产品技术规范、系统工程施工、系统验收等相关国家标准和规范中有关技术应用的标准与要求。

第二，采用先进、成熟、实用、安全、可靠的主流技术和专业技术。

第三，智能化系统选用的 IT&IB 技术应用应满足智能化系统总体规划目标的要求。

二、智能化系统 IB 技术应用的特点

智能化应用系统的计算机环境不再以传统的处理器或服务器为中心，而是将客户机 / 服务器（C/S）计算机结构转变为浏览器 / 服务器（B/S）和网络数据服务（Client<Network）相结合的计算机结构，即把 C/S 结构中的服务器分解为一个 Web 服务器和一个或多个基于 CZN 结构的数据服务器，客户端不再直接和服务器相连，而是通过楼宇监控与管理综合信息集成网站（IBMS.net）与智能化各应用系统 Web 服务器相连，楼宇监控与管理综合信息数据库系统与智能化各应用系统数据库服务器（C/N）连接，采用开放数据库（OD-BC）技术，实现系统 IBMS 综合信息集成数据库系统与"IT&IB"应用系统数据库互联，为智能化 IT&IB 应用系统提供综合信息与数据的共享、交互、备份、恢复，充分保证信息与数据的安全性和可靠性。

（一）网络化楼宇管理系统技术应用特点

实现网络化楼宇管理系统（BMS）信息结构化，其技术应用特点就是要使数据交换成为可能，传统的楼宇管理系统通过 OPC 网关将各个不同监控系统的协议和语言统一起来，而采用 XML 网络数据交换模式将无须二次开发统一的信息模式标识。由于 BMS net 数据可能来自各不同应用系统数据库，它们都有各自不同的复杂格式。要实现 BMS net 数据库与这些数据库的数据交换，必须采用统一标准的语言进行交互，这就是 XML。由于 XML 的自定义性及扩展性，足以表达这种类型的数据。BMS net 在收到数据后可以进行处理，也可以在不同的数据库之间进行数据传递。XML 解决了数据统一接口的问题。数据

独立于系统的概念是 BMS met 技术应用的重要概念，BMS net 关注全面，考虑综合监控数据今后可能被利用的完整性及标准化，并规范化地制作成 XML 文件，其他第三方应用或集成将不会被限制于特定的脚本语言、制作工具及传输方式，故而 BMS net 提供了一种标准化的"数据"。

新一代网络化的楼宇设备自动化技术应用改变了以往 BAC net 和 Lon Works 楼宇设备自控系统采用复杂应用软件和专有的通信协议来配置系统，而采用开放标准的 Web XL/XML 协议，通过 HTML Web Site 的界面来配置系统，并将应用软件和实现功能嵌入 Web XL 现场控制器中。用户只要通过浏览器，就可以在世界任何地方操作和控制 Web XL 现场控制器，而无须安装任何其他用户端软件。Web XL 现场控制器之间的通信也是使用开放标准的 XML 来完成。

（二）综合安防及反恐专业技术应用特点

这是将传统以独立安防系统运作模式的防盗报警系统功能和被动的闭路电视监控为重点的安防报警系统功能，转而以防破坏、防爆炸、防恐怖袭击为重点，事先探测与突发事件响应相结合的整体安防系统综合功能为目标。

（三）建筑节能专业技术应用特点

所谓建筑节能就是"应用建筑节能技术，采用建筑机电设备控制与管理智能化技术手段，通过科学管理的方式，寻求建筑物内能源消耗和合理利用之间的平衡"。通常建筑节能技术应用主要体现在采用楼宇机电设备自动化系统（BAS）和综合楼宇管理系统（BMS）的智能化技术应用的基础上，实现对空调系统、照明及其他楼宇机电设备的综合节能管理。

第三节 智能系统工程在各领域的应用

一、智能建筑系统工程

（一）智能建筑系统工程的定义

智能建筑系统工程定义为：建筑及居住区建设中的信息、网络、系统集成以及通信系统、楼宇设备管理与自动化控制系统、综合安全防范系统、火灾报警系统、智能"一卡通"系统、公共广播系统、电缆电视系统等弱电系统工程的新建、升级、改造工程。

（二）智能建筑系统工程的特征与规律

智能建筑的建设是一项系统工程，从建设单位提出建筑智能化建设的规划和需求，到经过的需求分析、系统设计、系统及设备选型、工程实施、系统运营、系统管理的整个过程，通常称为智能化系统工程。智能化系统工程根据建设单位提出的智能化系统建设目标、范围、内容、功能、管理的需求，从系统论的观点出发，运用系统工程的方法，按照系统发展的规律，遵循国家关于建筑及居住区数字化与智能化系统设计的有关规范标准，建立楼宇综合信息系统管理平台和开发以楼宇物业及设施管理为主的数字化与智能化各功能应用系统，为建筑及居住区提供一个安全、舒适、便捷、高效、节能、环保的环境空间。

建筑智能化系统工程具有信息化系统工程实施的特性和规律，其特性体现在以下四个方面：

1.系统工程的完整性

智能化系统工程建设的经验使我们认识到，智能化系统建设必须有一个整体的实施规划，在整体规划指导下确定智能化系统技术应用和实现功能的需求，确定每一个数字化与智能化应用子系统的功能范围和设计边界，规划好各个应用子系统间的外部接口和通信协议，从楼宇信息系统集成的目标出发，实现信息共享、网络融合、功能协同。智能化系统强调系统的开放性和完整性，避免各应用子系统最后只是成为一个封闭的信息孤岛。

2. 系统工程的目的性

智能化系统的建设是一项系统工程，其必须遵循系统的观点。智能化系统工程都有明确的建设目标。智能化系统功能的设置必须围绕系统总目标的实现。系统从外界环境获取信息和数据，即系统的输入；系统向外界环境输送需求信息和数据，即系统的输出。智能化系统是一个复杂的技术和功能系统，为了实现智能化系统的总目标，通常将总目标分解为若干个子目标。子目标分别由不同功能的应用子系统来实现。应用子系统之间既相对独立，又互相关联，彼此配合，共同去完成系统的总目标，建筑智能化系统通常由楼宇综合信息系统集成平台和各智能化功能应用子系统（如物业及设施管理系统、楼宇管理及设备自控系统、综合安全防范系统、火灾报警系统、智能"一卡通"系统、综合布线系统、网络及通信系统等）组成，共同实现建筑智能化系统为建筑及居住区提供一个安全、高效、便捷、节能、环保、健康的环境空间的总体目标。

3. 系统工程的相关性

智能化系统工程的生命周期，主要由四个阶段构成，即系统工程设计、系统工程招投标、工程实施、系统运营管理。这四个工作阶段构成智能化系统工程的一个全生命周期，前一阶段的工作成果，将是下一阶段工作的依据，因此在执行任何一个工作阶段时，计划与安排上任何的欠周密考虑和不慎，甚至工作上的失误，都将给下一个工作阶段在衔接上带来障碍和困难，将给整个智能化系统工程在建设目标、技术应用、实现功能上造成严重的隐患，同时也将对智能化系统工程建设的投资成本、系统工程质量、系统工程工期等方面造成损失和延误。因此，了解智能化系统工程建设的相关性和掌握其客观规律是十分重要的。

4. 系统工程的可持续性

随着技术的发展和功能需求的扩展，实际上在系统运营管理的过程中，智能化系统始终存在着对技术更新和功能扩展的需求，以适应不断变化的外部环境，这是智能化系统工程的重要特征。这就要求在系统工程的全生命周期各个阶段和环节实施过程中，必须要去考虑智能化系统的可持续性，主要体现在系统硬件方面要充分考虑其扩展性和结构化，而在系统软件方面要充分考虑其开放性和易改性。

二、智能管理系统工程

（一）智能管理系统无处不在

在现代生活中，智能管理系统无处不在，在家里看电视，要使用电视系统；在教室学习，要使用多媒体教学系统；乘坐公交、地铁，要使用智能收费管理系统；去单位上班，要使用智能考勤和门禁管理系统等。以上这些系统，都属于智能管理系统。可见，智能管理系统目前已经完全融入我们的日常生活中。我们通过各式各样的智能管理系统，去完善和提高生活质量，同时，智能管理系统也为我们的生活提供了各种各样的保障，使我们的生活变得更加丰富多彩。

（二）智能管理系统的基本概念

智能管理系统又称智能化系统，在土建科学和建筑行业也称为智能楼宇系统。一般认为，智能管理系统都是与智能建筑密不可分的。

（三）智能管理系统的组成

1.智能管理系统的分类

常见的智能管理系统可分为智能建筑类与非智能建筑类，智能建筑类又可细分为专用建筑、综合性建筑、住宅等。如政府机关办公楼、公司和企业生产厂房及科研办公楼、会议展览馆等为专用建筑，集办公、金融、商业、娱乐于同一建筑物的为综合性建筑，以生活起居为目的的多层与高层建筑为住宅等。

非智能建筑类是指除智能建筑类以外的其他智能管理系统，如现代化农业中的自动灌溉系统、大棚温度自动调节系统、水电站监测系统、汽车上使用的GPS系统，以及我们每天都会用到的手机等。

2.智能管理子系统——通信自动化系统

通信自动化系统通常简称为CA，它使智能建筑内语音和数据通信设备、交换设备和其他信息管理系统彼此相连，使内部设备与外部通信进行网络连接，实现通信自动化，它包括建筑物内部和外部电缆线路及相关设备的连接配件，同时与外部通信网相连，如电话公网、数据网、计算机网、卫星以及广电网，与世界各地互通信息，是保证建筑物内语音、数据、图像传输的基础，也是智能建筑的基础设施。

通信自动化包含综合布线系统、语音通信系统、计算机网络系统、有线电视系统、视频会议系统、不间断电源系统等。

3. 智能管理子系统——消防自动化系统

消防自动化系统通常简称为 FA，它是当发生火灾时建筑物内的消防系统会自动感应，并将报警信息实时发送到计算机，由计算机来进行火情分析，根据分析结果对整个建筑物的消防设备、配电、照明、电梯等设备进行自动控制的智能管理的消防系统。消防自动化系统一般主要包括消防报警系统、公共广播系统等。

第九章　交通数据资源

第一节　大数据时代下的城市交通

一、城市交通建设

交通规划和建设决策、方案的制订，需要将交通系统的发展和演变过程进行准确地把握。不仅需要关注交通需求总量的变化，还需要了解交通需求的结构；不仅需要关注道路交通设施的建设，还需要加强道路交通系统与地面公交系统、轨道交通系统等之间的有效衔接。因此，需要利用城市交通大数据资源和分析技术，去全面分析城市综合交通系统的现状和发展趋势，为交通规划方案制订、交通建设项目的可行性研究提供有效决策依据。

（一）交通规划过程中的决策与信息分析

一方面，随着城市空间范围的拓展，在城市外围形成了以中低收入居民为主的新城和大型居住社区，而这些区域通常是公共交通服务较为薄弱的地区，这就要求城市公共交通系统在兼顾运营经济性的同时，还需要针对快速发展地区进行有效扩展；另一方面，随着城市产业结构空间布局的调整，中心城区越来越多的土地从第二产业用地转变为第三产业用地，这意味着中心城区的就业岗位数量将进一步增加，再加上中心城区居住人口总量的不断下降，城市职业分离有可能进一步加剧。由此产生的交通需求主要为商务、游憩活动，具有高频率、时效反应敏感等特征。

随着快速城镇化的不断推进，城市交通正在从单一城市的交通向具有紧密关联性的城市群交通体系转变，从通勤交通占有主导地位向非日常交通占据重要份额转变，从以建设手段为主向采用包含政策等软对策手段的组合对策设计转变，从单一的数量保障向满足多样化需求开始转变。城市交通的快速变化使传统经验难以应对，以"四阶段法"为代表的传统交通系统分析理论在决策分析过程中也面临着诸多困难。

城市交通规划设计技术体系涉及许多项目工作，可以分为交通规划类、交通工程前期类及交通专题研究类三种。城市交通规划业务是在交通模型分析技术的支撑下进行的。交通模型分析技术应用的初期阶段主要是为避免耗资巨大的交通基础设施所面临的较大经济风险，依托交通模型分析为科学慎重的决策提供相应的支持。在交通调查数据的支持下，交通模型工程师采用选定的模型架构（包括"四阶段"交通需求预测模型、网络交通流分析模型、交通行为分析模型等），进行适当的技术组合完成建模工作，并依托实测数据对模型参数加以标定。由于交通模型在传统城市交通决策分析中占有主导性技术地位，因此对交通模型可信度提出了较高的要求。尽管交通模型理论与技术经过几十年的发展，在说明能力和预测能力上有了长足进步，但是交通模型技术与期望水平仍然具有较大的差距。总休来看，传统交通模型分析技术存在以下不足。第一，城市居民出行数据主要通过 5~10 年一次的综合交通调查来获得，抽样率为 2%~5%，数据调查组织复杂，工作量大，精度难以把握，而且只能采用一日调查数据构建现状 OD 矩阵，存在数据代表性弱、时效性较差和调查误差较大等问题。而目前我国正处于快速城镇化阶段，人口流动最大、土地利用变更频繁，传统出行调查方法很难跟上交通需求的更新步伐。第二，城市与交通系统的发展演变，使交通决策面临的问题变得更加复杂。决策者不仅要关注交通需求的数量，还要关注市场细分后不同类型需求的结构；不仅要关注交通流在网络上的分布，还要关注不同类型参与者对于各种政策的响应；不仅要研究某种方式自身交通流的变化，还需要研究综合交通系统中各种交通方式的相互作用和流量转移。

大数据技术的发展为城市交通分析技术带来了新的机遇，包括以下两个方面：

（1）在交通需求数据获取方面，通过大样本甚至全样本的连续观测，以及多源交通检测数据的融合，可以对交通需求现状进行全面描述，对交通系统发展趋势做出较为准确的判断；

（2）在交通分析方法方面，面对问题的日益复杂化，决策分析需求要求人们逐渐摆脱开交通模型思维束缚，交通数据分析工程师逐步从后台走向幕前，试图从交通系统的海量数据中寻求对研究对象更加深刻的认识，根据从中挖掘出来的内在关联性判断未来的走向和趋势，依托从信息中不断提炼出来的新知识支持决策判断。

（二）城市交通的战略调控与决策分析

城市交通战略调控是指通过政策控制、服务引导、设施理性供给等手段，对系统演变过程进行相应的干预；根据可持续发展理念设定目标；在连续观测信息环境支持下对系统的发展轨迹进行监测；针对系统偏离期望轨迹的演变，采用多种组合对策进行及时的调控，而这一切是建立在对系统演变规律的认识基础上的，因此它是一个不断深化的过程。

城市交通战略调控包括需求和供给两个方面。由于资源和环境的制约，城市交通不可能无节制地满足无序的增长需求，所以必须对不合理的需求加以节制，以保障合理需求得到必要的满足，这就是受控需求的概念，也是传统需求管理概念的一个扩展。对于供给来说，不仅需要关注直接面临的需求问题，而且需要考虑城市交通模式的演化问题，避免在解决问题的同时出现更大的问题。供需之间的关系不是简单的平衡，而是演化与调控，这意味着二者处于动态互动的过程中。因此，把握交通发展趋势、深化交通规律的认识、在实践中提升对策作用的认识、协同考虑对策方案的设计，是交通规划建设、服务引导、管理控制、政策调节等工作的基础。

战略调控决策分析的核心是消除判断的模糊性，从而达到决策的精细化、科学化，以及形成共识的目的。以推进城市公交系统建设为例，城市公交发展的战略目标有二：其一是通过公交引导用地开发的模式，引导城市空间结构形成可持续发展的架构；其二是通过提升公共交通服务水平，形成比较竞争力，引导城市交通模式向可持续方向演化，而实现手段中包括正确的规划指导、合理的资源配置、优化的运行管理及有效的政策保障。尽管这些对策获得了理念上的认同和许多实践经验，但是由于涉及多方面关系协调和利益平衡、需求动态变化等问题，其决策过程仍然需要减少判断模糊性，提高说服力，由此产生对决策分析更高的技术要求。

面对推进公交优先决策分析需求，现有研究成果尚不能有效完成相应分析任务。公共交通系统分析的已有研究成果，主要有以下两种类型：

（1）基于 OD（公交客流）的公交网络客流分析技术与道路网络交通流模型相比，其主要特点为网络本身具有随机属性特征，以及多组群、多准则、多模式的乘客随机选择行为。由于在抽样调查基础之上建模，因此如何避免模型标定中"失之毫厘"导致"差之千里"成为应用中的难题。

（2）离散交通选择行为模型在意愿调查基础之上的非集计交通行为模型已经发展成为一个比较完善的体系。针对多项 LOgit 模型（评定模型）的缺陷，巢式 Logit 模型、排序 Logit 模型等已经在交通方式选择等问题中得到较为广泛的应用。实际调查数据、意向调查数据联合建模等问题也都取得了重要的研究成果。基于活动的交通行为模型，引入个体生活行为，其中包含不同维数的多个意愿决策，从时间和空间两个方面说明了选择机理和约束机制。由于这类模型作为基础的意愿调查难以大规模和高频率进行，以及偏好、态度等因素影响造成模型缺乏时间和空间上可移植性等问题，限制了其适用范围。

（三）交通建设项目可行性研究过程中的信息分析

城市交通发展战略的执行需要依靠交通基础设施项目的实施。交通建设项目牵涉计划的审批、规划的许可、土地的征迁、资金的配套、实施的管理，以及建成后的运营管理等各个环节及其相应的管理部门，各管理部门的决定会对项目的实施起到决定性的作用。

1. 交通项目主体部门

根据目前中国城市行政管理机构的设置情况（不含中国香港、中国澳门等地的城市），交通基础设施项目的主体部门随着各个城市管理机构设置的不同而有所不同，主要有市政园林局（市政管理局）、建筑工务署及公路局等部门。另外还有一些交通基础设施的代建机构也参与政府投资项目的建设，成为政府投资项目的主体部门，如各个城市的地铁公司和轨道交通建设公司就成为政府投资项目的主体部门。在实际运作过程中，各建设主体部门主要代替市政府行使工程项目的管理权，但并不具备决策功能。按目前政府部门的职能划分，对于市政道路项目等比较纯粹的公共设施项目，缺乏明确的立项主体。因此，各地政府又规定，由市规划局承担市政道路立项职能，根据城市建设发展需要受理新建道而路立项，建筑工务署作为建设主体。

2.交通项目审批体制

目前，我国各个城市基本上都颁布了《政府投资项目管理（暂行）条例》《政府投资项目管理（暂行）办法》或《政府投资项目管理（暂行）规定》等文件，成为交通基础设施项目审批体制的主要法律依据。例如，深圳市政府于2006年2月公布了市发展改革局会同各部门编制的《深圳市重大项目审批制度改革方案》，其中对政府投资项目按"项目建议书""选址用地预审和环评""用地方案图及用地规划许可""工程设计""概算审批""工程规划许可和计划下达""施工许可"共7个阶段在进行审批，审批时间为115个工作日。改革方案重点对各工作阶段流程的日程也进行了明确缩短，但基本没有改变目前政府投资项目管理体制工作流程，也没有涉及建设主体单位的责任分工问题。审批流程115个工作日中未包括各阶段前期工作委托、开展、评审、公示等过程，审批事项仍存在工作重叠、审批环节多、深度要求不一等问题。尽管政府已认识并提到交通基础设施项目工程应区别于一般政府投资项目，应进一步优化并审批工作流程，但有关具体规定、措施依旧尚未出台。为了有效地在管理过程中协调多部门之间的关系，需要围绕决策判断内容，通过信息共享，消除对项目建设必要性、建设规模、建设影响、建设效益等方面的判断模糊性，以求形成共识。而这就需要一个相关的管理信息平台，有效地将数据组织成信息，从信息中提取与决策相关的知识。

二、城市交通管理

所谓交通管理，主要指的是通过分析交通需求结构的组成、不同出行者的行为偏好特征，并以此为依据转移和调整交通方式，继而缓解城市交通拥堵。

（一）交通系统运行状态诊断

道路交通可以分为断面、路段、区段和路网四个层次，断面、路段是构成区段和路网的基础，也是交通状态分析的基本单元。

1. 断面交通状态识别

断面交通状态识别是根据断面交通流数据确定该断面交通状态所归属的类别（如拥堵、畅通），因此，需要确定类别划分数量及一个具体断面状态的归属判别方法。

2. 根据断面交通状态判别路段交通状态

根据路段上下游检测断面的交通状态判别结果，总体上可将路段交通状态分为四种模式：模式1（上游畅通、下游畅通）、模式2（上游拥堵、下游拥堵）、模式3（上游拥堵、下游畅通）、模式4（上游畅通、下游拥堵）。城市快速道路上检测断面的间距较大（一般为400米以上），两个检测断面之间往往存在上下匝道，由于道路条件变化很大，所以需要划分成多个基本路段。当路段交通状态处于模式3和模式4且夹有匝道时，精细分析其拥堵影响及确定瓶颈位置会遇到困难。

3. 道路区段拥堵特征表达

在路段交通状态分析的基础上，可以采用时空图来分析由数个路段组成的区段拥堵的变化情况。时空图可以清晰地说明一天之内拥堵的时空分布，但是很难挖掘较长时间（如一个月）的拥堵变化规律。所以为了更好地描述拥堵状态的演变，可以定义两个概念：第一，拥堵态势，采用某种特征指标描述道路区段的拥堵程度；第二，拥堵模式，拥堵程度指标日变曲线的分类。对于道路区段的拥堵状态可以采用多种指标，如通常所用的密度、速度，或者延误等，采用主因子分析方法可以对多个指标进行适当综合形成拥堵指数。

（二）交通需求管理与信息分析

由于讨论问题范围的差异，国内外相关文献对于交通需求管理定义和概念的表述也不尽相同，但其核心思想是一致的，即交通需求管理是在满足资源和环境容量限制的条件下，使交通需求和交通的供给达到基本平衡，满足城市的可持续发展目的的各种管理手段。迈克尔·迈耶认为 TDM 起源于 20 世纪 70 年代末的 TDM，是在 TDM 策略范围不断扩大的基础上于 1975 年开始初步形成的概念。龙井、萨坎等将 TDM 解释为 Transportation/Transport/Travel Demand Management 或拥堵管理，认为这几种说法的概念是相同的，并给出简单的定义：TDM 是通过限制小汽车使用、提高载客率、引导交通流向平峰和非拥堵区域转移、鼓励使用公共交通等一系列措施，达到高峰时交通拥堵缓解的需求管理政策总和。城市交通拥堵成因可以分别从城市空间布局、车辆拥有及使用、交通基础设施供给、道路交通管控、交通政策调控、公共交通服务水平、公众现代交通意识等多方面去加以分析。交通需求管理等政策手段，实质上是将有限的交通资源进行调配，这些均具有正负两面效应，需要研究如何控制其负面效应，扩大其正面效应，并最大限度地争取社会各方面的支持。对道路交通流量的监测将有助于全面把握道路交通态势。日本国土交通省通过对东京都区部控制点（断面、交叉口）的流量、大型车混入率等情况的监测进一步分析了不同区域之间的跨越交通流量、不同时间段的流量分布、不同类型道路的交通量对照、道路交通车种构成和不同类型道路行程车速变化等，并以此来反映交通状态的情况。

（三）提升公共交通服务水平的决策分析

公交优先发展主要包括两大主题内容：公共交通与土地的协调发展，以及政府通过政策调控保证公交服务在市场机制下有效运营。这两大主题又与规划制订、建设实施、资金保障、运营保障、行业管理等五个方面具有密切的关联。公交规划的核心是提供一个适应发展需求的公交服务体系，可以进一步划分为提供新服务的系统建设规划，以及改造既有服务的系统运行调整规划。前者主要针对伴随城市扩展和布局调整的公交基础设施建设，包括轨道交通建设、快速公交系统（BRT）建设、常规公交服务延伸等；后者主要针对既有运行计划调整和常规公交线路调整。对于系统建设规划来说，公交系统与土地开发之间的密切关联，利用移动通信数据获取居民活动信息，通过牌照识别数据来获取车辆活动信息，通过道路定点检测数据和浮动车数据获取道路交通状态信息，通过公交 GPS 数据获取公交运行状态信息，通过公共交通卡数据获取公交客流及换乘信息，在这些信息的支持下能够分析土地开发与公交系统的关联，以及公交在综合交通中所处的地位和服务水平，从而使相应的规划决策更加科学化和精细化。在协同规划过程中，基于相关数据的可视化表达能够为决策分析提供有效的支持。

三、城市交通服务

（一）个性化交通信息服务

随着交通数据环境的不断完善，大量基于大数据技术的交通信息服务产品应运而生。为城市交通出行和区域交通出行提供了多样化、个性化的交通信息服务。

1. 城市交通

在国内，为了缓解城市交通拥堵，满足居民快捷、便利的出行要求，在政府部门出台各种措施进行调控的同时，产业界也推出了许多新的线上服务产品。在线合乘平台和打车软件是这几年出现的比较典型的应用。

（1）在线合乘平台。小客车合乘是指出行线路相同的人共同搭乘一辆小客车的出行方式。合乘不但能合理利用小客车的闲置资源，在一定程度上能够缓解交通压力，也能使私家车车主、乘客达到双赢的目的。对于乘客，合乘能够满足公共交通所不能覆盖的出行需求，也能满足其偶发性的用车需求，免去了养车的负担；对于私家车车主，也可以节省养车成本，直至解决尾号限行等管制措施所带来的不便。在线合乘平台为车主和乘客提供了一个供求信息的发布平台，极大地扩展了小客车合乘的范围和用户群体，提高了合乘的成功率。

（2）打车软件。打车软件是指利用智能手机等智能移动终端，实现出租车召车请求和服务的软件。随着打车软件的出现，乘客可以通过智能终端方便、快捷地叫到出租车，从而避免长距离地步行至站点或长时间的等待，也能使出租车驾驶员快速发现附近的乘车需求，从而减少出租车空驶率。

2. 区域交通

交通用户在区域交通出行的需求主要体现在旅游出行或商务出行两方面，而随着用户需求的多样化、个性化，许多旅行服务公司也将高科技产业与传统旅游业成功整合在一起，通过对用户区域出行需求信息和起终点的兴趣点信息、交通信息等进行汇总分析，向用户提供了集机票预订、酒店预订、旅游度假、商旅管理、无线应用及旅游资讯在内的全方位旅行服务。通过对用户行为的积累，携程建立了自己的客户行为数据库，并研发了相应的系统对酒店和用户的行为进行跟踪，通过机器学习来分析和纠正，能够有效解决酒店行业的预订不能按时入住等问题。

（二）交通诱导信息服务

1. 获取过程

从获取过程看，交通诱导信息服务可分为出行前诱导和出行中诱导。出行前诱导是在用户出行前通过计算机、手机、车载导航终端等设备向用户提供出行所需信息。出行中诱导是在用户出行过程中根据交通系统状况的实时变化，对先前的诱导信息不断进行调整，对用户出行进行动态诱导。

2. 获取途径

传统的诱导信息发布方式包括交警疏导、可变信息交通标志、信息发布、交通广播等。随着移动通信技术的不断发展，用户也可以通过移动应用获取实时诱导信息。

（三）现代城市物流服务

1. 天猫／淘宝物流信息平台

巨额的交易量带来了大量的物流需求。2012 年，天猫和淘宝的总快递包裹数为 37 亿件，占全国快递包裹总量的 65%。天猫和淘宝平均每天的快递包裹数为 1200 万件，"双十一"的包裹超过 7200 万件，占全国快递包裹总量的 60%。与京东、苏宁等拥有自建物流体系不同，天猫和淘宝的物流主要依靠第三方物流企业完成。为了保证物流服务的效率和质量，天猫建立了第四方物流平台，通过物流信息平台整合商家、物流服务商和物流基础设施等物流资源，规范了行业服务秩序，推动了行业总体水平的提升。由此，天猫和淘宝通过物流信息平台，成为物流市场的组织者和基础服务的提供者。

商家可以根据物流信息平台提供的物流服务商信息，选择优质的物流服务商作为自己的合作方；通过平台提供的订单跟踪数据，及时获得不同物流环节的信息；通过平台提供的运营数据分析提升经营计划性，及时进行补货；同时根据物流的执行情况，对物流服务商进行评价，反馈给平台。物流服务商将物流执行信息提供给物流信息平台，为卖家和消费者提供实时的物流过程信息；物流信息平台根据广大商家的当前订单和历史销售情况，为物流服务商提供产品销量预测数据，提前准备物流资源和能力，防止出现"爆仓"。卖家可以通过物流信息平台提供的订单跟踪数据，及时了解物流执行情况；根据物流服务商提供的服务，选择合适的商家和物流服务；对商家和物流服务商的服务进行评价，反馈给平台。而天猫则利用物流信息平台，对天猫商城的物流状况进行总体分析和监控。一方面，对物流服务商和商家的物流能力进行公示，设置行业服务标准，打击虚假发货等违规行为；另一方面，根据物流数据，对订单流量流向进行分析和预测，优化物流活动组织，为主要物流网络设施的规划和建设提供相关依据。

2. 物流配送路径优化

物流配送是承运商把货物从上游企业或配送中心向下游企业、商家或最终消费者运输的过程，在物流过程中占有重要地位。据统计，运输费用占物流总消耗的50%以上。根据国外的经验，采用合理的配送路线，可以使汽车里程利用率提高5%~15%，运输成本能够大幅减少。由于配送路线的制定与客户空间分布、客户时间窗要求配送货物数量、货物类型、道路交通条件等多个因素有关，特别是受交通拥堵的影响，道路交通条件存在不确定性，路线优化计算十分复杂。城市交通数据环境的逐渐完备，特别是车载GPS设备的广泛使用，为制定合理的配送线路提供了新的思路。例如，美国UPS快递公司利用配送车辆装备的传感器、GPS定位装置和无线适配器实时跟踪车辆位置、获取晚点信息并预防引擎故障根据 GPS 历史数据和派送需求信息，采用历史经验路径学习方法，制定最佳配送线路，同时，在配送线路中尽量减少左转行驶，因为左转穿越交叉路口时更容易导致交通事故的发生，而且左弯待转等待会增加油耗。新的配送路线技术将使配送效率大幅提高。2011 年，UPS 的驾驶员们少行驶了近 4828 万千米的路程，节约了 300 万加仑的燃料，并减少了 3 万吨的二氧化碳排放量。为了技术推广和数据保密的需要，2010 年 UPS 将其物流技术部门卖给了一家私人股本公司，组成了 Roadnet 公司。Roadnet 公司从多个快递公司获得车载 GPS 数据等配送信息，更加丰富的数据使系统的精度进一步提高，这样多家公司就均能得到更好的配送路线分析服务。

（四）公共交通出行信息服务

公共交通出行的信息按接收媒介的不同可分为定点接收信息和移动接收信息。前者主要是公交电子站牌，为候车乘客提供公交线路信息及车辆到站信息等；后者主要是安装在手机等智能移动终端中的公交查询应用，根据乘客出行目的地和当前位置向乘客提供最佳乘坐公交班次、换乘及预计出行时间等信息。

第二节　城市交通及相关领域数据资源

一、城市交通

城市交通是指城市（包括市区和郊区）、道路（地面、地下、高架、隧道、索道等）系统间的公众出行和客货输送。在人类把车辆作为交通工具之前，城市公众出行以步行为主，或以骑牲畜、乘轿等代步。货物转移多靠肩挑或利用简单的运送工具运输。车辆出现后，马车很快成为城市交通工具的主体。1819 年，巴黎的街上最先出现了为城市公众乘坐服务的公共马车，从此便产生了城市公共交通，开创了城市交通的新纪元。

二、城市交通领域数据资源

（一）道路交通领域

道路交通是城市交通体系的重要组成部分，根据城市道路的性质，可以将其分为地面道路、快速路和高速公路三大类。受到不同的交通运量担负影响，各类道路交通在不同城市中的地位各不相同。总体来讲，在各城市的道路交通体系中，地面道路是基础和根本，快速路是提升和飞跃，高速公路是城郊和城际的骨干。在城市交通信息化发展的进程中，由于建设、管理、运维、技术等不同因素，这三类道路交通数据的类型、采集、存储、处理、应用等也体现出它们不同的特点。

1. 城市地面道路

（1）基础数据及采集

城市地面道路是道路交通体系的主要组成部分，是一座城市交通运输的主动脉。SCATS（最优自动适应交通控制系统）等道路交通信号控制系统将电感线圈等检测器布设在道路交叉口附近，用于对车流量、占有率、占用时间、拥堵程度等数据的采集，通过中央控制、区域控制、路口控制等多个层面的模型计算，确定配时方案，优化配时参数，实现对交通流的实时最佳配置和控制，从而提高车辆行驶速度，发挥出减少交通滞留、节省旅行时间、降低汽油消耗的实际效用。

随着道路交通管理和服务对信息化需求的提升，地面道路交叉口的相位、绿信比、流量等数据逐渐显现出功能的单一性和局限性。基于电感线圈检测器、微波检测器、视频检测器、全球定位系统等交通数据采集设备，可以采集车流量、车辆速度、车辆类型、牌照、位置等更多丰富的数据和信息。这些不同类型的检测设备，各有优点、互为补充，使采集到更多、更全面的交通数据成为可能。布设在地面道路的这些设备和装置，为交通信息化管理与服务内容的延伸和应用范围的拓展提供了更多的基础数据支撑。结合地面道路修路、事故、事件、报警等其他实时或历史交通数据，这些数据和信息能够更好地满足服务交通信息化管理、公众出行信息发布等不同的应用需求。

（2）数据的应用

在地面道路交通原始数据汇聚的基础上，通过数据分析和挖掘，可以开发出多种应用。不论管理者还是出行者，都对道路的运行状态和路况发展趋势十分关心。道路的通行状况，较直接的表述是车速信息。因此，道路的运行状态可以用红、黄、绿等颜色信息，实时或准实时地显示地面道路双向路段的交通路况，用以表征其拥堵或畅通等状态。通过城市地理信息系统可以直观地看到城市地面道路路网的交通运行状态和路况实时变化。实时路况是把握道路运行现状，进行应急处置和指挥的第一手信息，而历史路况信息则可以为数据分析和挖掘积累宝贵的资料。地面道路交通状态信息的展示应用较为直观，但在区分拥堵量级、分析拥堵成因的时候，却存在明显不足。因此，基于车速、流量等数据分析的交通指数成为各大城市用于细化道路交通状态的重要指标，交通指数是量化的道路状态，介于原始车流量、速度数据和道路交通状态之间的层面，可以从宏观区域到微观路段，以数值或量值的形式进行细化表达。交通指数的提出、研究和应用为评价道路服务水平、提供公众出行个性化服务等奠定了坚实的基础。类似于地面道路路段状态，道路交叉口的运行状况也可以用类似的方法表达。对于经常出现拥堵的区域、路段或道路交叉口，可以结合车流量等各类数据联合分析，找出可能对其进行优化的地方。事故、事件等报警信息，通过与城市 GIS 的结合，可以挖掘出经常发生事故的"黑点"地段，对这些事故"黑点"进行科学分析，能够为改善道路通行安全、出行安全提醒等提供支持，同时，这些交通路况、交通指数、事故等信息还可以通过互联网、电视台、电台、车载设备、手机等移动终端应用软件等发布，作为出行者对交通出行方式和路径选择的参考依据。

2. 城市快速路

（1）基础数据采集

一般而言，与城市地面道路相比，城市快速路的建设相对较晚。因此，在快速路道路设计和建设的时候，相应的信息化方案可以同时进行，做到道路基础建设和信息化建设同步。根据不同城市对数据和信息的采集要求，城市快速路的数据采集通常由感应线圈、车辆全球定位系统、牌照识别系统、视频采集系统等支撑不同的数据采集手段，所获取的数据和信息有很大差别，在设备布设、运行和维护中所耗费的成本也不一样。这些采集设备和方法的数据覆盖面也不一样，有各自的优势和特点。例如，感应线圈一般埋设在快速路路段或出入口，采用单排或双排断面的形式，采集车流量、车型、速度、占有率等信息。这些信息量可以支持相应的应用，但感应线圈采集的数据仅是特定路段的特定点，而对整条路段上的车辆空间分布和密度则无法获取，而且布设的成本较高。车辆全球定位系统可以采集到车辆的瞬时速度和位置，采集周期也可以灵活选择，但由于定位精准度的影响，可能会出现相邻地面道路、快速路主线、匝道或出入口位置车辆混淆的问题。牌照识别系统可以有效地抓住流经车牌识别车道和断面的车辆，并可以根据积累的数据找出车辆的起讫点，但是牌照识别的准确率和稳定性是系统评价和应用的基础。视频设备采集到的视频数据是某特定路段或路口车辆流动、车辆密度等情况的直观记录，但由于视频数据分析难度大，加上可能存在镜头灰尘遮挡、移动、天气等各种影响因素，视频数据的利用率往往不高。此外如何发挥采集设备的优势，取长补短，成为有效利用交通数据的重点。

（2）数据的应用

基于城市快速路系统采集、汇聚的各项数据，相应部门的运行管理和面向公众的信息服务等不同需求可以得到有效支撑。作为城市道路交通的快速通道，快速路交通的运行状况是衡量一座城市交通运行是否良好的重要指标。快速路的交通拥堵会影响到城市的形象。因此，不论是管理者还是出行者，都较为关注城市快速路的交通状况，这也推动了快速路数据的分析、挖掘和应用。与城市地面道路类似，可以从感应线圈、GPS车速等数据分析中得到快速路的路段、出入口、匝道的状态，并以红、黄、绿等颜色信息或者交通指数等方式，描述道路拥堵或畅通等状态，管理人员可以在指挥中心或监控平台上看到快速路的交通状态，并能够通过信息共享实现跨部门的联动管理；出行者则可以通过布设在道路上的可变信息情报板了解前方的实时路况，从而来决定出行的时间和路线有些城市引入了快速路出入口控制系统，利用匝道信号灯来调节车辆进入快速路主线的流率，从而提升道路整体或局部的使用效能。信号灯的控制依据就是出入口、面道、主线的车流量数据，通过适当的控制，可以有效减少拥堵情况或缩短拥堵时间。快速路车牌识别系统的车辆号牌数据，能用来捕捉特定号牌车辆的行驶路径，支撑快速路车辆平均出行距离、出行时间、OD分析、出行高峰限牌管理、公安侦查破案等多种不同的应用。快速路交通运行管理产生的数据，如事故、事件、道路养护等，也可以与道路路况信息相结合，得到有效的应用。道路养护和夜间封路等信息，可以通过网络向公众进行发布，为公众信息化出行提供支持。对交通事故等数据的分析，可以定位事故高发地段，找出驾驶行为、路网结构等事故原因，分析事故对交通运行造成的影响等。不同的数据在实际应用中，可以发挥出不同的效用，交通数据的联合挖掘是当前的重点。

3.城市高速公路

（1）基础数据采集

高速公路覆盖范围广、区域跨度大，这使信息采集的难度相对较大。城市地面道路、快速路的交通数据采集方法不能只是简单照搬到高速公路系统。依靠密集布设感应线圈获取交通流量、速度数据的方法不可行，因为这会直接导致成本较高；依靠密集布设摄像头获取实时交通运行视频的方法也不可行，因为有些地方没有条件进行电缆或光缆的布设；行经高速公路的车辆来自不同城市，依靠车辆 GPS 数据获取计算道路状态的方法也不可行，因为各城市在车辆安装 GPS、GPS 信息采集和共享方面尚未形成一套统一的标准。因此，由于管理体制、道路现状、技术成本等方面的原因，高速公路交通数据的采集存在一定难度。鉴于这些问题和现状，高速公路交通数据的采集主要从以下三个方面展开：①布设适量的感应线圈、视频监控系统等设施设备，满足高速公路日常管理的需要；②将数据采集的重点放在收费站，如车牌识别系统、不停车收费系统、车辆行驶 OD、行程时间等流水信息；③利用覆盖范围大、数据密集度低的数据采集方式，如手机信令、手机上网数据等。不同省份、不同城市对高速公路管理的权限分工也不同，但从总体上看，目前全国大部分城市对高速公路入城段、出城段，城市道路网连接段的交通数据采集较为全面。

（2）数据的应用

高速公路交通数据的挖掘和应用水平取决于数据采集和汇聚的基础。作为城市道路交通的一部分，高速公路入城段和出城段交通数据采集和汇聚的基础最好，是与城市道路交通关系最为密切的部分。如果要提高高速公路入城段和出城段的管理与服务水平，则需加强入城段或出城段与城市地面道路、快速路交通数据的关联应用。有些城市的高速公路出入城段与城市快速路系统直接连接，有些城市则与城市高等级公路或地面道路相连接，这就起到了承接不同种类道路路网的重要作用，甚至融入另外两类路网中。因此，在高速公路的出入城段，传统的交通数据采集手段，如车辆牌照识别系统、感应线圈车内 GPS、射频识别技术等，都可以形成面向管理和服务的应用。这与城市快速路和地面道路的数据应用相类似。但是，建立在高速公路出入城段与城市快速路、地面道路数据互联共享基础上的联动，是数据应用真正的重点。有些城市已经将高速公路的出入城段归入城市道路交通系统，系统内的数据交互和联动已经初见成果。对于公众出行信息服务，比较有特色的是新兴起的虚拟情报板业务。借助手机 APP 或其他移动上网终端，可以通过手机的 GPS 定位信息，弹出相应的路况情报板界面，使出行者可以实时获取前方的交通状态信息。虚拟情报板大大降低了在路面布设真实情报板的成本，而且可以提高情报板的密度，使出行者路径的选择更加灵活和智能。

（二）对外交通领域

通常来说，一座城市的对外交通体系包含铁路、公路、航空、航运等几大组成部分，而其又与城市道路交通、公共交通这两大体系紧密相连。由于它们分属不同的管理和运营主体，其信息化推进与发展的程度各不相同，数据与信息的共享与汇聚也存在一定难度，由于城市对外交通对整个城市交通体系具有巨大的影响力，甚至可以改变城市原有的交通特征，对其进行数据资源的联合挖掘与应用开发成为决策管理、出行服务共同的关注点。

1. 铁路

（1）基础数据采集

作为城市对外交通重要组成部分的铁路运输体系，担负着客流和货流进出市域运输的重任。随着对管理和服务实时性与精细化要求的提高，铁路客运与货运信息化建设已经在中国铁路总公司和各局全面开展，并取得了丰硕的成果。铁路货运信息化系统建设较早，网络覆盖铁路总公司、路局，以及全国多个货运车站，主要完成运输计划自动下达、货车自动跟踪等功能，由基层站段本地存储货票、集装箱等原始数据上报区域中心、路局、铁路总公司，各级独立建设原始信息库和动态信息资源库，对本级原始信息分级进行加工、处理，分别落地逐级上报。铁路客票系统从 1996 年上线，通过车票信息在车站内部共享实现了车站窗口联网售票，后经不断升级，推出 12306 互联网售票系统，实现了客票数据在全路范围内的互通共享，并支持异地联网购票。把数据汇聚并集中在铁路总公司、路局等各层面，通过已建的信息化系统，已经汇聚的数据种类十分丰富，涉及管理、运营、生产、安全等各个方面。随着信息化建设的不断推进，由静态和动态数据组成的这些基础数据，以及数据分析和挖掘获取的结果数据，发挥了越来越重要的作用。其中，与城市交通密切相关的数据主要包括客运与货运调度信息、列车时刻表信息、实际发车和到站时间、车次延误信息、客流量和货运量信息等。客运和货运行车调度信息，主要包括时间、地点、车速、行车方向等用于车辆运行管理和指挥方面的数据；列车时刻表信息，主要指各车次制定好的计划发车时间、计划到站时间等用于车次和时间查询的相关数据；实际发车和到站时间信息，主要指根据列车实际运行情况，记录车辆发车和到站的实际时间，并通过与列车时刻表的计划时间比较，获取车次的延误或早到等相关信息；客流量和货运量信息，主要指列车所承载的客流、货流数量，以及客运上座率和货运周转量等相关数据与信息。随着铁路信息化的建设与完善，基于数据采集和分析的应用系统有了坚实的基础，使铁路运输系统在管理和服务两个方面，均全面迈进了数字化时代。

（2）数据的应用

在铁路数据采集、存储的基础上，如何进一步去挖掘，找出数据的潜在规律，用合适的表现形式来展示表述，并在实际中运用，提高工作效率，是信息化建设和完善的目的与方向。就铁路数据的应用来讲，主要有两个发展方向：一是管理决策参考；二是公众信息服务。铁路数据的高度集中和实时性可以很好地支撑这两方面的需求。管理决策参考有两个层面：一是满足铁路系统内部的管理需要；二是满足城市交通相关管理部门的决策参考。客运和货运行车调度数据，可用于评价车辆调度水平与效率，通过长时间的数据积累，可以为集中调度和自动调度提供相应参数和依据；实际发车和到站时间车次延误信息等数据，可用于辅助计算相应指标，评估列车运行的准点率和延误率；客流量和货运量等数据，可以与行车调度、准点率或延误率指标结合，去评判车辆运行和调度的效率，为调度效率的提升和自动调度参数的调整提供依据，铁路运输体系担负客流和货流进出市域运输的任务，客流和货流的出入必将对城市自身交通产生影响。城市交通管理部门主要将注意力集中在从工作日、休息日、节假日时间维度，分析两类数据对城市交通的影响度，以及从火车站、铁路货运中心及其辐射范围的空间维度，分析两类数据对城市铁路相关热点区域的影响。公众信息服务主要体现在三方面：一是在客票售票系统对社会公众的服务上，公众可以从售票窗口、12306 互联网售票系统、95105105 电话订票，以及使用自助服务终端预定、改签及退票；二是票务信息的互联互通可以与管理系统有机结合，票务系统每天产生的交易数据，结合票务管理数据，可以为公众提供更可靠、便捷的购票服务；三是与火车站的信息化建设相结合，票务服务还可以通过手机 APP、售票大厅显示屏等显示终端，为公众提供及时的信息发布与推送，满足不同用户的需求。

2. 公路

（1）基础数据采集

作为连接城市之间、城乡之间陆路交通的重要纽带，公路网系统包括高速公路、一级公路、二级公路、三级公路、四级公路等，是进出市域陆路交通的重要组成部分。随着城市公路网信息化建设的大力发展和不断推进，公路管理运营水平和公众出行信息服务质量也在日益提高。高速公路收费站，可以对来往的车辆本身，以及其行程信息等数据进行全面的采集；具备条件的高等级公路，可以布设线圈雷达、红外线车辆检测器等设备，全天、全方位地采集车辆的行驶速度、车辆类型、车辆长度、行驶方向和车流量等信息；视频图像设备，能采集并记录车辆及路况真实的视频和图像信息。这些基础数据的采集，是支撑管理和服务应用的基石。数据和信息采集后，通过光缆和电缆统一传送汇聚在各信息分中心，经过实时的处理，转化为运行管理和公众服务需要的信息。公路网信息中心，作为公路网信息化架构的顶端，连接各信息分中心，汇总其采集的数据，并加以分析和挖掘。由公路网信息中心构建的路网交通信息平台，可以从宏观、中观层面，有效评价公路网的整体运行状况、维护成本、服务质量等，指导公路信息分中心的工作，使采集的数据能够发挥出更大的效益。

（2）数据的应用

通过分析公路网采集的各项数据，可以为管理措施的制定提供依据和参考，还能为公众出行提供更高质量的服务。对高速公路收费站收费流水数据的分析，可以从收费时间进站车速、收费车辆数、收费站规模、排队车辆数等因素之间的关联性考虑，合理解决可能的收费车辆积压问题，用以提高收费站的运行效率和服务水平；也可以对车辆标识、进站位置和时间、出站位置和时间数据进行挖掘，分析车辆的行程车速、车辆类型、出行 OD 等信息，用以评估公路路网的运行效率、定位交通压力关键节点、寻找相应的解决途径等。对公路网采集的视频信息，可以实时监控路网交通运行，以便及时发现事故、事件等突发问题，提高相应部门的应急反应速度和应急处置水平；通过对车辆号牌的存储、调用与分析，可以为公安破案提供线索和证据，直接为国家安全和公共安全服务。公安道口卡口数据，采集了经由不同等级公路进出城市的车辆数量、车型等信息，对这类数据的挖掘分析，可以从整体上估算出进出城市的车辆和客流的时空分布、规模和总量等信息。

通过分析单一来源数据所获得的信息，能在一定程度上提高管理与服务的效率和水平，而将多源数据进行关联挖掘，可以发现更多规律，为提升公路网运行与服务，发挥出更大的作用，结合公路网天气、事故等数据，经过长时间的积累和分析，可以找出事故多发地段和成因，通过道路状态信息板发布提示信息提醒车辆减速慢行，降低事故的发生率；结合长途客运站的长途客车和乘客的发送、到达数据与进出市域公路系统的车辆数，可以分析评价公路网在陆路城际交通中发挥的作用；结合收费站流水和公安道口数据，可以分析节假日、工作日车流进出市域的时间和空间高峰，从而制定相应政策进行分流；结合 ETC（电子不停车收费系统）卡和收费数据，可以评估车辆通行效率，大力推广 ETC，进而解决车辆通过收费站的积压等问题。

3. 航空

（1）基础数据采集

与其他交通运输方式相比，民航的国际、城际交通运输效率最高。目前，我国最高频地空数据通信网络的基础已经建好，为飞机和地面的实时信息交换提供了可靠平台。这些基础建设，是民航数据采集、信息传输和交换的根基。民航管理局、机场和航空公司对信息和数据采集不同层面的需求，反映出了管理者、服务商和社会公众等多方对信息化发展和数据采集的不同需要。民航系统采集的数据种类繁多，已经具备了大数据挖掘的基础。在民航管理方面，民航数据交换传输网络为汇聚全国民航数据，为制订宏观发展规划和决策参考准备了数据基础；在机场和航空公司管理与运营方面，机务维修管理系统、运行控制系统、订座离港系统、常旅客系统、财务管理系统等系统的开发与应用，为提高运营效率应发挥出信息化的巨大优势；在信息服务方面，自助服务设备、手机平台、网上值机等应用应运而生，为乘客出行提供了更便捷、高效的实时动态信息服务。

（2）数据的应用

目前，基于信息化系统支持的民航决策管理和服务体系已经初具规模。民航局、民航各地区管理局、机场和航空公司各层面的数据仓库建设逐步开展，相应的民航数据分析和挖掘系统，也已投入到实际应用，并取得了明显效果。这些信息化发展的进展和成果，为建设和打造"中国数字民航"奠定了基础。空管系统调度数据的积累和分析，可以为提升调度效率和指挥水平提供依据，支撑智能化调度系统与信息化平台的建设与应用。信息化技术在订座系统、安检系统、行李系统的应用，为乘客购票、安全等需求提供了坚实的保障；航班班次、延误等数据和信息的及时采集和汇聚。为公众信息查询和服务提供了便利，信息发布和个性化服务已经贯彻从飞机到港后机位引导，到旅客下飞机、出港，从离港旅客办理登机手续、候机、离港的全过程。数据的分析、挖掘和应用，已经渗透民航管理、运营、商业、服务等各个领域，管理和业务系统、信息化平台的使用，大大提升了民航系统的整体服务管理水平。

4. 航运

（1）基础数据及采集

各种新兴的信息技术在航运信息化进程中的试点，均取得了显著的成果。例如，航运物流信息化条形码技术和航运物流信息化射频识别技术，可以提高航运物流企业信息采集效率和准确性；基于网络互联的航运电子数据交换技术，对航运物流信息化企业内外信息传输，实现航运物流信息化订单录入、处理、跟踪、结算等业务处理的航运物流办公无纸化形成重要支撑；航运预先发货通知、航运送达签收反馈、航运订单跟踪查询、航运库存状态查询、航运货物在途跟踪、运行航运绩效监测、航运管理报告等，是构成第三方航运物流服务的根本；航运物流企业可以通过提升航运客户财务、航运库存、技术和数据航运管理等，在航运客户供应链管理中发挥出一定的战略性作用。

（2）数据的应用

随着航运信息化的推进，"智慧航运"的概念应运而生。利用航运数据分析和挖掘技术的信息化管理、营运、服务等，是推动并实现"智慧航运"的基础。各个层面的航运信息管理平台、航运信息服务平台、航运营运系统等，已经开始建设并逐步投入使用当中，并且在政府管理与引导、企业管理与营运等各方面发挥了重要的作用。各类信息化系统的构建和应用，迅速推进了航运智能化的进程，但是，航运信息化建设也存在一些问题有待解决。例如，航运业务的信息化管理与服务需求在不断地变化和完善，但信息化软件系统的开发具有一定的刚性，往往难以改进和拓展；航运信息化建设的地域性、行业性较强，虽然开发的信息化系统在本领域发挥了较好的效果，但在跨地域、跨行业系统兼容时会遇到困难。因此，管理与服务多方之间的信息资源整合与应用系统集成，是满足信息化系统协同、功能拓展的前提，也是提高管理效率和市场竞争力的关键所在。

第三节　城市交通大数据的组织、描绘及技术

一、城市交通大数据组织本体

本体很适合用来定义一个领域的基本概念、概念间的关系及它们之间固有的推理逻辑，可以很清晰地描述领域数据的固有性质和数据之间的关联，因此本体可以用来组织、表达城市交通大数据。

（一）本体的含义

1. 本体的定义

本体提供的是一种共享词表，也就是特定领域中那些存在着的对象类型或概念及其属性和相互关系。或者说，本体实际上就是对特定领域之中某些概念及其相互之间关系的形式化表达。换言之，本体就是一种特殊类型的术语集，具有结构化的特点。

2. 本体的一般性分类

从详细程度对本体进行划分，详细程度高的，即描述或刻画建模对象程度高的被称为参考本体，反之称为共享本体；从领域依赖程度对本体进行划分，分为顶级本体、领域本体、任务本体和应用本体四类，这种划分方法更为常用。顶层本体指最常见的概念和这些概念之间的关系，如时间、空间、事件和行为等，顶层本体无关具体的领域或应用，可在多个领域之间共享。领域本体指某一个特定的领域内的概念和这些概念之间的关系，如交通和证券等。应用本体指针对具体问题的概念和这些概念之间的关系，可以同时去引用领域本体和任务领域本体的概念。

（二）本体的要素及基本关系

1. 本体的主要要素及属性

一般来说，一个本体可以由概念、实例、关系、函数和公理五种元素组成，即 $O=\{C, I, R, F, A\}$，其中 O 表示本体，C 表示概念，I 表示实例，R 表示

关系，F 表示函数（Function），A 表示公理。本体中的概念是广义上的概念，可以是具体的概念，也可以是任务、功能、行为、策略、推理过程等。本体中的这些概念通常构成一个分类层次。本体中的关系表示概念之间的一类关联，典型的二元关联和子类关系形成概念类的层次结构。

2. 概念间的基本关系

在本体中，概念间的基本关系有四种：Part-Of、kind-of、instance-of 和 attri-bute-ofo Part-of 表示概念之间部分与整体的关系；kind-of 表示概念之间的继承关系；instance-of 表示概念的实例和概念之间的关系，类似于面向对象中的类和对象之间的关系；attribute-of 表示某个概念是另外一个概念的属性。

（三）城市交通大数据本体概念范围

城市交通大数据本体就是将城市交通大数据中的概念、涉及的相关领域的外部概念，以及它们之间的关系用明确的形式化方式去进行描述说明。一方面，由于城市交通本身包含许多概念，涉及的相关领域外部概念也很多，如果完全描绘在一个本体中，势必会过于复杂；另一方面，以道路交通、公共交通、对外交通等为代表的城市交通不同术语集之间的区分度较为明显，交叉概念所占比例较低，因此可以将交通本体拆成若干个小范围概念集合的本体（子本体），这样比较容易表达清楚集合内的概念之间的关系。以这些城市交通子本体的全体及描述子本体核心概念之间关系的本体（可以看成是本体的本体）构成交通本体库。城市交通大数据本体的概念也将围绕这些数据资源，以及城市交通的规划、决策、管理、参与者等各方面所涉及的内容进行抽象归纳和梳理，按分层定义、逐步细化的思想，从顶层出发，逐步形成交通本体库。在顶层本体之下，分出了交通事件、交通地理、交通指标、交通线路、交通角色、交通信息和交通相关信息 7 个抽象概念集，或称为领域本体，并以此为基础继续向下划分。对这 7 个抽象概念的定义，将形成关键的 7 个核心抽象类。交通实体中的各个具体概念类和实例都将从这些抽象核心类中派生出来，并不断具体化。

（1）交通事件。交通事件是指在道路上出现的同时会对交通运行状况产生影响的情况。

（2）交通地理。交通地理是交通运输的基础，是指交通网络和枢纽的地域结构。在本体库中交通地理本体包含匝道、单位、桥梁、立交、站点、路口、路段、道路和隧道等子本体。

（3）交通指标。交通指标是指用于衡量交通运输状态的方法和标准，一般用数据来表示。在本体库中交通指标包含占有率、流量、车速和通行状态等子本体。

（4）交通线路。交通线路是指按一定技术标准与规模进行修建，并具备必要运输设施和技术设备，旨在运送各种客货运的交通道路。在本体库中，交通线路还包括公交车线路、出租车线路和轨道交通线路等子本体。

（5）交通角色。交通角色是指交通运输及管理过程中可能涉及的各种类型的人物。在本体库中，交通角色包括乘客、交通警察、养护工人、行人、驾驶员等子本体。

（6）交通信息。交通信息是指由交通信息系统收集整理并存储以供查询使用的数据。在本体库中交通信息包含交通流采集信息、交通事件采集信息、交通设施采集信息、交通管理控制信息、运营信息和客流信息等子本体。

（7）交通相关信息。交通相关信息是指非交通领域但与交通运行状况有一定联系的其他领域信息，在本体库中交通相关信息包含活动信息、人口信息、气象信息等子本体。其中道路、交通工具、公交线路、单位是抽象概念（抽象类）；公共汽车、小型汽车是具体概念（子类）；路口、公交站点是属性概念；人是外部概念。概念间的关系使用交通领域的部分术语对概念间的基本关系进行了扩展。

从这个本体中可以推理出（分解得到的子图，可以简单理解为从某个概念出发，沿箭头方向叙述概念间的关系）：公共汽车是交通工具，行驶在道路上；人搭乘属于某条公交线路上的公共汽车，在停靠的公交站点，靠近想去的单位；小型汽车不能停靠至公交站点（因为没有一条路径可以从小型汽车到达公交站点，而到达公交站点这个概念的关系只有"停靠"）；小型汽车是交通工具（是关系通过乘用车进行传递）。

（四）城市交通大数据本体概念间的关系

交通本体库中的本体概念之间并不是各自孤立的点，而是通过数据分析，发现这些概念之间除了父子、从属等关系外，还或显或隐地存在着一定的关联关系。在本体库中提出了16种本体关系，分列如下。

（1）乘坐关系。乘坐关系是本体乘客和交通工具之间的关系，如乘客"乘坐"交通工具。另外这个关系是可继承的，因此，本体乘客和本体公交车、出租车、地铁等的关系都可以是乘坐关系。

（2）位于关系。位于关系表示多个本体和交通地理本体的关系，如交通事故"位于"路口、交通设施"位于"路段等。

（3）停靠关系。停靠关系表示本体交通工具和交通地理之间的关系。如交通工具"停靠"交通地理，公交车"停靠"公交站点等。

（4）去往关系。与停靠关系相似，去往关系也表示本体交通工具与交通地理之间的关系，如交通工具"去往"交通地理、出租车"去往"单位等。

（5）经过关系。经过关系与去往关系相似，表示本体交通工具与交通地理之间的关系。

（6）处理关系。处理关系表示本体交通警察和本体交通事故之间的关系，如交通警察"处理"交通事故。

（7）实施关系。实施关系表示本体养护工人和本体设施维护之间的关系，如养护工人实施设施维护。

（8）属于关系。属于关系表示本体公交车与公交车线路、出租车与出租车线路，地铁与轨交线路之间的关系，如公交车"属于"公交车线路、地铁"属于"轨交线路等。

（9）影响关系。影响关系表示本体交通事件与交通指标之间的关系，如交通事件"影响"交通指标。

（10）搭载关系。搭载关系表示本体交通工具与乘客之间的关系，如交通工具"搭载"乘客。

（11）收集关系。收集关系表示本体交通设施与交通相关信息之间的关系，如交通设施"收集"交通相关信息。

（12）显示关系。显示关系表示本体交通设施与交通指标及交通信息之间的关系，如交通设施"显示"交通指标，交通设施"显示"交通信息，在信息板上显示附近停车场的信息等。

（13）行驶于关系。行驶于关系表示本体交通工具与交通地理之间当前相对位置状态的关系，如公交车"行驶于"路段。

（14）靠近关系。靠近关系表示本体交通地理子本体之间的关系，如公交站点"靠近"单位。

（15）驾驶关系。驾驶关系表示本体驾驶员与交通工具之间的关系，如驾驶员"驾驶"交通工具。

（16）维护关系。维护关系表示本体养护工人与交通设施和交通地理之间的关系，如养护工人"维护"桥梁、养护工人"维护"交通设施等。

二、城市交通大数据核心元数据和数据资源描述方法

元数据作为计算机可以自动解析、用以描述数据的方法，已经有许多成熟的应用。元数据具有良好的扩展能力和自解释功能，常常用来定义数据集（数据资源），而被称为"描述数据的数据"，是城市交通大数据中的数据资源，可以通过定义一系列核心元数据来描述和定位，使用户和计算机能够很方便地找到这些数据资源。

（一）城市交通大数据核心元数据定义思路

所谓元数据，是描述数据的数据，主要是描述数据属性的信息，用来支持如何指示储存位置、历史资料、资源寻找、文件记录等功能。"metadata"一词起源于1969年，由杰克·梅尔斯提出，metadata是关于数据的数据，可以认为是一种标准，是为支持互通性的数据描述所取得一致的准则。现存很多关于metadata的定义，主要视特定群体或使用环境而不同，如有关数据的数据、有关信息对象的结构化数据描述资源属性的数据等。无论何种定义，对于元数据的作用认同都是一样的，即元数据主要用在数据共享和信息服务过程中，使不

同用户、应用程序间都可以很方便地获得有关数据属性的基本信息，从而能够方便地获得自己想要的数据，而不需要数据生产者或拥有者代为获取数据。这类似于去超市购物，根据超市摆放在货架上的标签信息和物品包装上提供的信息就能找到想要的物品，而不必拿着清单去请售货员帮忙提货。

随着我国交通规划、建设、生产、生活和管理过程等领域信息资源的积累及数字化技术应用不断深入，交通信息共享与服务的需求已经变得越来越迫切。一方面，各地的交通信息平台之间需要进行数据共享和交换，如各省市违章监控信息的交换；另一方面，其他行业和公众也迫切需要获得交通信息，为出行、旅游等提供相应的参考，企业也可以通过交通信息深加工为用户提供更好的服务。此外，政府相关部门的城市规划、交通建设和管理政策制定等活动，也都需要交通数据作为基础；科研机构也需要真实的交通数据来支持科研活动，以确保研究成果真实可用，这不是模拟数据就可以达到的效果。如何充分利用这些数据资源，如何使用户迅速有效地发现、存取和使用所需的信息就变得非常关键，因此需要一个交通信息资源核心元数据的标准，以满足数据共享和交换的需要。

交通行业信息完全涵盖了城市交通大数据中"由交通直接产生的数据"及"交通管理设施产生的非结构化数据"所涉及的数据资源。一方面，交通信息资源核心元数据是可以用来表达城市交通大数据中的这部分数据资源的，亦即城市交通大数据的元数据应该完全包含交通信息资源核心元数据；另一方面，对那些来自公众互动交通状况数据、相关的行业数据，以及政治、经济、社会、人文等领域的重大活动数据，《交通信息资源核心元数据》中并没有给出一个明确的定义方法，但是根据该推荐标准所阐述的元数据扩展方法，可以遵循其编制思路，对交通信息资源核心元数据进行适当扩展，形成城市交通大数据资源核心元数据，以满足对城市交通大数据中所有可能的数据资源的描述需要。

（二）城市交通大数据核心元数据扩展原则和方法

允许对核心元数据进行的扩展包括以下几种：增加新的元数据元素；增加新的元数据实体；建立新的代码表，代替值域为"自由文本"的现有元数据元素的值域；创建新的代码表元素（对值域为代码表的元数据的值域进行扩充）；

对现有元数据施加更严格的可选性限制；对现有元数据施加更严格的最大出现次数限制；缩小现有元数据的值域。在扩展元数据之前，应仔细地去查阅现有的元数据及其属性。

根据实际需求确认是否缺少适用的元数据。对于每一个增加的元数据，采用摘要表示的方式，定义其中文名称、英文名称、数据类型、值域、短名、约束条件，以及最大出现次数，最后给出合适的取值示例。对于新建的代码表和代码表元素，应说明代码表中每个值的名称、代码及定义。新建元数据需要遵循以下基本原则：

（1）在选取元数据时，既要考虑数据资源单位的数据资源特点以及工作的复杂、难易程度，又要充分满足交通信息资源的利用，以及用户查询、提取数据的需要。

（2）新建的元数据不能与已定义的元数据中的现有的元数据实体、元素、代码表的名称、定义相冲突。

（3）允许以代码表替代值域为自由文本的现有元数据元素的值域。

（4）允许对现有的元数据元素的值域进行相应的缩小。

三、城市交通大数据技术

（一）分布式存储技术

为了保证高可用、高可靠和经济性，大数据一般采用分布式存储的方式存储数据，并采用冗余存储的方式进一步保证数据的可靠性，基于 Hadoop 的分布式文件系统的信息存储方式是目前较为流行的数据存储结构。通过构建基于 HDFS 的云存储服务系统，就能够有效解决智能交通海量数据存储难题，降低实施分布式文件系统的成本。Hadoop 分布式文件系统是开源云计算软件平台 Hadoop 框架的底层实现部分，其具有高传输率、高容错性等特点，可以以流的形式访问文件系统中的数据，从而解决访问速度和安全性问题。

（二）分布式计算技术

城市交通大数据的强大计算能力能对庞大、复杂而又无序的交通数据进行分析处理，基于大数据平台的交通数据建模及时空索引、历史数据的挖掘、交通数据的分布式处理和整合及交通流动态预测，都需要大数据平台的分布式计算能力，即高性能并行计算模型 Map Reduce。Map Reduce 是一个用于海量数据处理的编程模型，它简化了复杂的数据处理计算过程，并将数据处理过程分为 Map 阶段和 Reduce 阶段，其执行逻辑模型。Map Reduce 通过把对数据集的大规模操作分散到网络节点上实现可靠性。每个节点会周期性地把完成的工作和状态的更新报告回来，如果一个节点保持沉默超过一个预设的时间间隔，主节点将会记录下这个节点状态为死亡状态，然后把分配给这个节点的任务发到别的节点上。Map Reduce 是完全基于数据划分的角度来构建并行计算模型的，具有很好的容错能力。

参考文献

[1] 白娅. 大数据视域下的贵阳市垃圾分类政策执行与产业发展研究：基于模糊—冲突理论模型 [J]. 经济研究导刊, 2023(1):3.

[2] 程光胜. 基于"大数据 + 小数据"的智慧图书馆用户精准画像模型构建 [J]. 图书馆理论与实践, 2022(5):90-95.

[3] 翁列恩, 杨竞楠. 大数据驱动的政府绩效精准管理：动因分析, 现实挑战与未来进路 [J]. 理论探讨, 2022(1):86-93.

[4] 彭俊磊, 周长军. 大数据时代技术侦查的法律规制：以合理隐私期待理论为视角 [J]. 山东社会科学, 2022(12):8.

[5] 陈阳. 大数据背景下广播电视的转型升级策略研究 [J]. 电视技术, 2022(005):046.

[6] 阳杰, 应里孟. 国家治理体系下大数据审计理论框架研究 [J]. 财会月刊, 2022(8):8.

[7] 郑智航, 雷海玲. 大数据时代数据正义的法律构建 [J]. 国家检察官学院学报, 2022, 30(5):16.

[8] 孙华伟, 王克平, 张浩川, 等. 基于大数据思维的科技智库情报服务机制研究 [J]. 情报理论与实践, 2023, 46(1):9.

[9] 卢少华. 大数据技术对高校图书馆服务模式的影响探究：《大数据环境下高校图书馆知识服务模式研究》荐读 [J]. 情报理论与实践, 2022, 45(4):1.

[10] 冯晓, 佟泽华, 丰佰恒, 等. 科研大数据休眠：类型划分及消解机制研究 [J]. 情报理论与实践, 2022(045-004).

[11] 白清龙. 国家治理体系下大数据审计理论框架研究 [J]. 中文科技期刊

数据库 (全文版) 社会科学 , 2022(4):3.

[12] 曹蓉, 胡瑞娟, 唐慧丰, 葛磊, 许岩 . 以应用为导向的大数据智能理论与方法课程设计与实践 [J]. 计算机教育 , 2022(8):80-84.